to
live
小满

1、2、3

人的

理想小家

AN IDEAL HOME FOR

1, 2 or 3 PEOPLE

原点编辑部——著

中信出版集团 · 北京

图书在版编目（CIP）数据

1、2、3 人的理想小家 / 原点编辑部著 . -- 北京：
中信出版社，2018.4
ISBN 978-7-5086-8461-1

I. ① 1… II. ① 原… III. ① 住宅－室内装修 IV.
① TU767

中国版本图书馆 CIP 数据核字 (2017) 第 310714 号

1、2、3 人的理想小家

著　　者：原点编辑部
出版发行：中信出版集团股份有限公司
（北京市朝阳区惠新东街甲 4 号富盛大厦 2 座　邮编　100029）
承 印 者：鸿博昊天科技有限公司

开　　本：787mm×1092mm　1/16　　印　　张：13.75　　字　　数：252 千字
版　　次：2018 年 4 月第 1 版　　印　　次：2018 年 4 月第 1 次印刷
广告经营许可证：京朝工商广字第 8087 号
书　　号：ISBN 978-7-5086-8461-1
定　　价：68.00 元

目录 CONTENTS

1 小户型装修计划，屋主该知道！

2 住好的！小家大满足

3 偷学！小户型家具选购指南

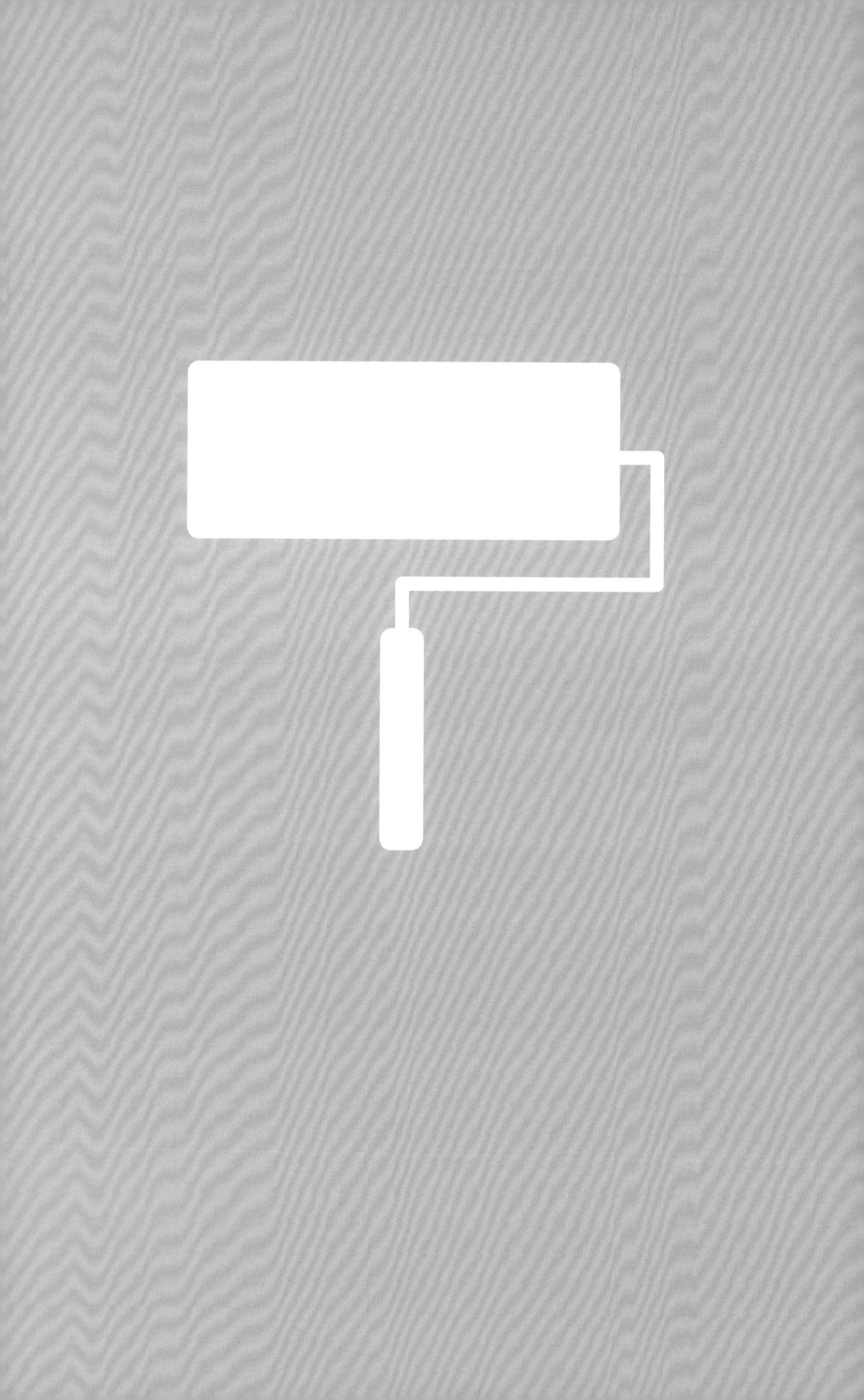

1
小户型装修计划，屋主该知道！

这样想、那样做！家再小也能住得好

小家预算，掐指一算！

小户型装修流程！抓住关键做决策

01

小户型装修计划，
屋主该知道！

这样想、那样做！家再小也能住得好

文字 温智仪　**资料图片提供** 馥阁设计（FUGE）

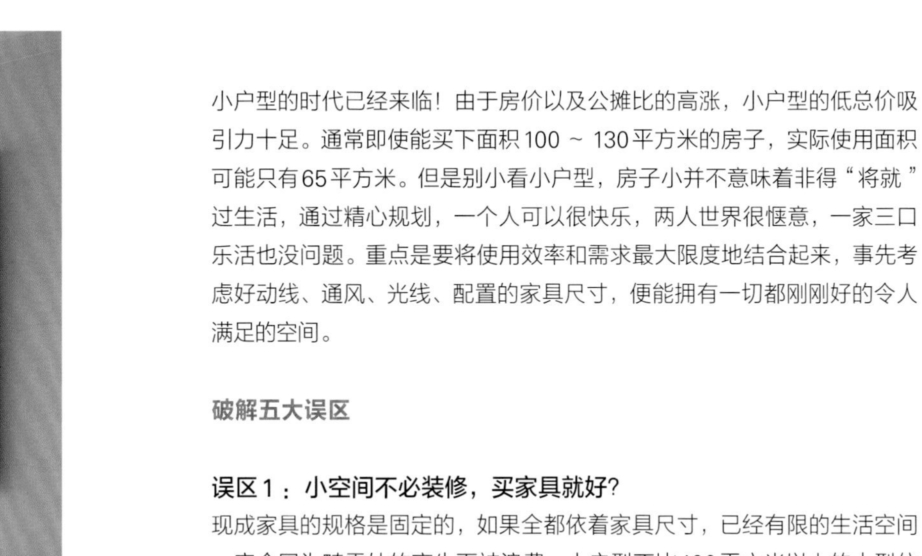

小户型的时代已经来临！由于房价以及公摊比的高涨，小户型的低总价吸引力十足。通常即使能买下面积100 ~ 130平方米的房子，实际使用面积可能只有65平方米。但是别小看小户型，房子小并不意味着非得“将就”过生活，通过精心规划，一个人可以很快乐，两人世界很惬意，一家三口乐活也没问题。重点是要将使用效率和需求最大限度地结合起来，事先考虑好动线、通风、光线、配置的家具尺寸，便能拥有一切都刚刚好的令人满足的空间。

破解五大误区

误区1：小空间不必装修，买家具就好?

现成家具的规格是固定的，如果全都依着家具尺寸，已经有限的生活空间一定会因为畸零处的产生而被浪费。小户型不比100平方米以上的中型住宅，空间越小意味着尺寸越要精确计算到1 ~ 20厘米。以柜子为例，现成系统柜两个柜身之间一定会被板材占去1.8厘米的厚度，通常一排收纳柜的柜身，大约会有10厘米厚的空间被板材占去了；如果现场定制，就可以依照空间形态进行设计，减少浪费，而且也可以做到双面使用，利用率更高。

误区2：单层不够用，选挑高空间才划算?

上下层的高度关系到人能不能直立行动自如，如果拿衣服要弯着腰，走进上层卧室也要弯着腰，肯定住得不舒服。上下层的高度切割非常重要，除了要能直立，还必须各留有1.8米左右的高度以保证不会给人以压迫感，因此层高4.2米以上的挑高空间比较适合。3.6米高的空间则不见得一定要规划成复式，复式是不得已和补足平面规划的权宜之计。只要平面规划得当，就可以好好享受挑高空间的舒适。如果还是想利用挑高空间，可以划分出5~7平方米作为坐、卧情况较多的睡眠区，或当作储藏室、窝着的阅读角落，这种情况下，建议不要为站立留出空间。

误区3：用小尺寸家具才省空间?

有些家具的尺寸是依据人体工程学和设备大小设计的，不可能缩小。例如：厨具深60厘米，是为了容纳大部分电器设备；衣柜深60厘米，是对应衣

大家具设置得当，会让小空间变大。

物吊挂时肩膀的宽度。其他家具则可以在不影响正常使用的情况下选择较小尺寸。其实，主家具用比正常尺寸大的，使之成为该空间的主要功能与焦点，反而能给人空间变大的感觉。例如客厅沙发一般长210 ~ 240厘米，但建议选择280 ~ 300厘米的大沙发；餐桌则可以加长到180厘米，再利用垂直线条拉高视觉比例，例如把门框做高，会让客厅显得更宽敞，完全不会感觉到小家子气。

误区4：多用带机关的弹性家具，一次满足所有使用需求?

很多人都觉得小家具方便移动，使用灵活，但其实太多小家具会让空间变得零碎，增加空间中颜色和材质的复杂度。除了上一点提到的主家具可以选大尺寸，若需要增加辅助功能，搭配一两个小家具适度点缀即可，最好和设计师商量，确保视觉上的和谐。虽然方便移动的家具很灵活，但一定要规划一个固定的收纳区，否则它们会在空间里碍手碍脚。至于带折叠或延伸等功能的家具，如果经常用，一定要选择操作直接、便利的款式，因为在日常生活中，即时性的运用十分重要。至于操作步骤较多的，则以使用次数不多、偶尔需要的情况为主，否则最后也会因为麻烦而闲置不用，反而浪费空间。

误区5：设计师可以满足我的所有需求?

“当屋主者迷”是许多人在面对装修时的症状。屋主想要的，设计师虽然都会想办法配置，但家是要可以久待的地方，若不考虑客观空间条件，一味将想要的都塞进去，生活将会相当拥挤。不妨通过设计师的协助，对真实需求、氛围营造、功能合并等按照优先级排序。

具体可以通过设计师提供的两三个平面设计方案，去感受不同需求组合所呈现的未来空间，屋主可以借此做出更实际的判断。

例如，想要同时拥有更衣室与泡澡蒸汽室，但真实情况是：除去卫浴、卧室这类必要的空间后，只剩3平方米左右，究竟是要拿来做有些勉强的更衣室，还是大小刚好的蒸汽室，只能择其一。通过两个不同的平面配置可以具体呈现，若最后选择了提升生活品质的蒸汽室，则可在有限的空间中，折中用弹性收纳柜取代更衣室。

1、2、3人住，面积至少这么大才舒服

一个人住的空间没有什么隔间的需求，2~3人同住，要不要隔间、如何隔间是影响整体舒适度的关键。不同居住人数和成员关系，也对应不同的建议居住面积和房间数，买房或装修前，屋主可以先认清现实状况，对自己家的格局有心理准备。

1人住

长期居住的空间，面积足够才不会有压迫感，通常30 ~ 40平方米是满足基本生活品质的最低限度，若是低于30平方米，较适合长时间不在家或是常出差偶尔回家的人。一个人住的空间可以很开放，除了卫浴，几乎可以不必设置独立隔间，连卧室都可以没有实体隔间或用弹性隔间的方式取代。

2人住

如果是伴侣关系，可以考虑要一居还是两居。目前，越来越多人选择面积50 ~ 53平方米的两居。新婚伴侣通常会多留出一间作为书房或未来的儿童房；退休夫妻则会用来当书房，更有越来越多人选择分房睡以维持个人睡眠品质。两个房间不只涉及隔间问题，更要思考如何在有限的面积中制造若即若离的距离感，例如利用高低差或视觉遮蔽制造隐私角落，或是利用聚焦光线的明暗对比手法，在同一个空间中创造出光亮和幽暗两个分明的区域，让不同时间睡觉的伴侣能互相陪伴又互不干扰。

3人住

3人的组合通常是父母和一个孩子的小家庭，因此至少要隔出2 ~ 3个房间。建议将大面积让给公共空间，房间满足基本睡眠需求即可，可小则小，家人自然会到公共空间相处，维持良好交流。50 ~ 53平方米的面积隔出独立的2个房间不是问题，隔出3个房间则面积至少要70 ~ 80平方米才不勉强。其中，每个房间需要7 ~ 10平方米，而且必须要有充足的采光和通风才不会有空间狭小的感觉。

就爱待在家！小户型舒适规划术

很多人选择小户型，是因为没有长时间待在家的打算。但是小家规划得好，也非常适合长期居住，成就温馨又幸福的居家生活。装修的时候掌握以下几个要点，小空间真的可以住得很自在！

很宽敞！不要制造走道

走道切割了完整空间，让人感觉不宽敞，因此在规划时，尽量让柜子靠边站，留出完整的区域。如果不得已产生了走道，也可在走道两侧设计收纳或展示的空间，或直接将走道与另一个空间合并，成为该空间的一部分。

厨房门和卧室门都面向同一中心，让走道变成功能性空间的一部分。

隐形门将独立空间藏在客厅后方。

不零碎！开门方向朝着同一个中心

开门方向影响到动线，让动线最集中的方式就是将门都集中设置在同一个主空间，例如以客、餐厅为中心，分别通往主卧、次卧、厨房和卫浴，将客、餐厅的使用率发挥到最大。

很够用！不留单一空间给非五年内的使用需求

小空间里的每一寸都很珍贵，不必留出空间给近几年内不会用到的功能。例如新婚伴侣如果至少五年内没有生孩子的打算，就不必在装修时坚持空出一间儿童房，以免牺牲了其他更迫切的生活需求；老人房使用的机会也是少之又少，可以用弹性家具满足这些低频使用需求。

很满足！为自己的空间注入个人嗜好

如果家里有一区可以满足自己的喜好，待在家就会很开心。喜欢运动，就可以规划一区放健身器材；喜欢小酌，可以规划一个酒柜，展示自己的爱好。这会让小家更有个性，自己也住得开心！

小户型装修计划，
屋主该知道！

小家预算，掐指一算！

文字 温智仪 **资料图片提供** 十一日晴空间设计(The November Design)

家本该是让人感觉舒服放松的场所，然后加上一点自己的样子。如此简单的、看似只是把家具摆进去、不着设计痕迹的画面，其实反而需要经过层层“精准的设计”！实现梦想居家生活的过程需要对梦想的渴望，但也不可避免地需要再实际不过的预算来支撑。设计师在图纸上画出的每一条线都需要工程上的预算来实现。由于小住宅需要更精细的设计，因此并不是依照一般大小的住宅做等比例缩小就可以，那么预算该如何做呢？

以65平方米为分水岭来规划预算

许多即将开始装修的屋主对究竟该准备多少预算总是十分困惑，除了找施工队、自行监工之外，若想要寻求设计师的协助，不妨以65平方米为分水岭。65平方米以上的二手房，每平方米的基础装修费至少需要8万元[①]，新房每平方米需要6万元左右。设计上的丰富度与精致度越高，单价就越高。（基础装修费不包含设计费，且不含家具、窗帘等的费用。）

至于小于65平方米的小户型，一般人都会先入为主，认为装修费应该很便宜，其实不然。由于面积上的局限，所有空间的功能性都需要加强，一物多用、整合式设计的情况更多，设计密度比一般中、大面积住宅更大。因此，跟65 ~ 100平方米的一般住宅比起来，每平方米的装修预算要比建议值多加1 ~ 2万，也就是65平方米以下，建议新房每平方米准备7 ~ 10万，非新房10万以上。

至于设计费也会有最低门槛，以50平方米是最低计价面积来说，33平方米的设计费不是33平方米 × 每平方米设计费，而是50平方米 × 每平方米设计费。有些设计公司则以65平方米为最低计价面积，依不同公司有异。

老房翻新、新房装修，预算用在哪儿？

做预算时，老房翻新工程相对繁复，但仍可依房龄大小、房屋老旧程度衡量；老房的原有装修拆除后，会有更多预想不到的困难，比如漏水、壁癌等。若牵涉到邻里间的问题就更难处理，所以屋主们需要做好心理准备。如果房屋状况很不好，格局需大幅变动，预算就必须增加到每平方米10万以上。

---

① 本书的价格均为新台币价格，且仅反映台湾市场情况，仅供参考。2018年3月，1新台币可兑换约0.2163人民币。——编者注

新房相对单纯，但因房屋格局大多已经固定，或设置格局时未考虑到家具配置，导致在现有开门位置、动线设计下很难摆放家具。一般来说，装修时不变动格局就很舒服的房子不多，所以要确认好最基础的动线、采光通风等问题，若有需要，则还是得通过格局调整，达到空间利用最大化。当然，最佳情况是房子本身条件就很好，无须大幅变动。但新房仍有如下很多一般屋主预想不到的成本。

水电调整

经过设计的房子，网络、电话、插座都会依照平面规划与屋主使用习惯，移动到最适合的位置，灯光配置也会随之调整，灯的开关也会调整到顺手的位置，那是一种随手可得的幸福，再也不需要长长的插线板了。

空调安装

安装空调是一项专业工程，配合设计师工作的装修型空调厂家，与满足一般消费者基本安装需求的空调卖家有专业度上的差距。功率要多大才能兼顾节能和舒适度；安装上，配合装修天花板设计装修，可以如何走管埋线。在工地现场遇到许多沟通难易度不同的厂家的设计师最能体会其中的专业差异。

油漆

消费者普遍低估了油漆的预算，其实建筑商完工的新房墙面，有时平整度还需加强，要整体再上喷漆，建筑商所使用的油漆的颜色有时也不一定符合屋主想要的空间调性（一般使用的百合白看起来较黄），最好整体调整成中性的纯白色，看起来比较干净。若墙面的漆面平整度过关，就修整局部，在打凿处批土即可（可减少一些预算）；局部跳色也是常用的设计手法，颜色搭配协调会有好的视觉效果，但油漆师傅们的施工费会相对增加。

为什么小户型更要找设计师？

小户型更需要考量动线、通风、光线进来的位置，再加上居住者的生活习惯，最后是配置的家具尺寸、比例、款式，才能造就家具摆进来都“刚好”的空间，而这份“刚好”当然不是偶然。

设计师多年的美学素养、空间的使用率、工程上的专业经验值等都很重要，设计费等于换来了你未来生活在房子里的美好和舒适，设计师会帮你争取更高的空间利用率，把因为空间小而损失生活品质的可能降到最低。

设计师对施工队的筛选也很重要。工程的细腻度往往取决于施工队的专业度，好的施工队不需三令五申也能主动发现问题，也从不推托，然而好的施工队，工费当然也不便宜。设计师还会选择低甲醛等中上品质的绿色材料，确保小家的安全居住品质。

为何装修以面积计?

以下是以实际的室内设计面积估算。天花板、地面、墙面的施工面积，以面积大小做正比例的调升，水电、灯光数量、空调功率乃至收纳需求都相对提升，但一般来说，用面积来估算几乎八九不离十。如果你的预算接近基本装修预算，在设计上建议以精简为主，预算越高则可在材料、精致度和设计上有更多选择空间。

65平方米新房工程估价单（此表格为工程报价单的总表，工程报价细部项目未列出。未含厨具、造型灯具、家具、家电、窗帘）

工程估价单						
项次	**名称及规格**	**数量**	**单位**	**单价**	**总价**	**备注**
一	假设及拆除工程	1	式		68 000	
二	厨具拆装、保护工程				18 000	建筑商原有厨具拆卸、保护、安装复原
三	空调工程				210 000	日立壁挂变频冷暖空调顶级系列：一对二（2组）设备与安装费用
四	水电工程				113 000	
五	泥作工程				32 000	
六	瓷砖材料				30 000	
七	木作工程				221 500	全室：F3低甲醛木芯板/日本丽仕硅酸钙板/防虫角材/台制五金缓冲/KD实木板
八	油漆工程				168 000	全室面漆采用ICI得利乳胶漆
九	系统柜工程				82 000	欧洲进口E1等级板材
十	木地板工程				129 000	欧洲进口Meister超耐磨木地板
十一	玻璃工程				19 500	
十二	灯具及安装				24 500	造型灯具另选
十三	清洁及其他工程				22 000	
				总工程款	1 137 500	
				工程管理费10%	113 750	
				工程总价	1 251 250	

小户型装修计划，屋主该知道！

小户型装修流程！抓住关键做决策

文字 温智仪 **资料图片提供** 十一日晴空间设计

在预算等相关问题解决之后，要开始讨论装修一事了。参考以下流程表，不用把准备工作都挤在同一时间，屋主可以分阶段进行装修的思考和物品选购，其间要和设计师保持沟通。

步骤 1

搜集照片给设计师参考

搜集照片很重要，等于屋主开始确定自己的喜好（3～5张照片即可）。设计师可以从中找到线索，了解屋主的喜好，但前提是屋主要先找到自己欣赏的设计师，觉得他的设计里已经出现了自己喜欢的感觉和设计方式。

步骤 2

列出生活习惯清单

- 生活需求清单：从日常生活的角度思考有无特殊喜好，例如书或CD（激光唱盘）的收藏量很大。
- 家庭成员物品清单：每个家庭成员各自需要收纳的东西，例如常坐飞机出远门的人可能有大行李箱。
- 大型物品清单：优先列出大物件，小物品其实大同小异可以不必列，像喜欢烹饪烘焙的人，或自行车运动爱好者一定要先把会用到的物件列出来。
- 未来物品清单：现在没有，但未来想买或者打算买的，也要告诉设计师。

步骤 3

出平面图——讨论平面图方案

丈量房屋后画出等比例平面图。因为平面图已经将一个家的配置做了规划，空间变得具体可见，再次提供给屋主仔细思考的机会。看看缺什么，还有什么功能需要补足。

步骤 4

平面图定案＋设计合约签订

步骤 5

出平面系统图——拿着图到空间中比对

平面系统图包括天花板图、灯具图、空调图、插座弱电图，拿到图之后，要实际到空间中边走边想象。例如插座弱电图，要想象自己平常使用电器的场景在哪里发生，比如你是习惯在卫浴还是在梳妆台吹头发。设计师会依照生活习惯重新配置插座。

验收与试住

完工验收时要确认估价单是否都做了、数量是否有变动。收尾时最好进去住一个月，体会一下是否还有一些小问题，然后一次列出，请设计师调整。

工程中——选家具、造型灯具，看大板

这个阶段要开始选购家具和灯具了，讨论过程中设计师会提出适合的家具挑选建议，开始施工的这段时间就可以去逛，感受实际的坐感、观感和表面质感。木工后期挑五金把手，油漆完成后选窗帘。工程开始时，和材质有关的，最初是看小样，这个阶段就可以要求到现场看大板，感受大面积的实际效果:

- 瓷砖
- 木制贴皮
- 系统柜板材花纹
- 墙面油漆在空间光线中的颜色
- 木地板

工程报价及工程合约签订

开工前——决定厨具、卫浴设备

开工前一切要定案。自平面图完成后到开工前，屋主要决定厨具、卫浴设备。厨具在开工前就要定下来，选水槽、龙头、面板、台面……因为价格差异大，设计师和屋主要彼此交流想法，这一阶段要好好思考功能上的，像是上柜层板之类的需求。卫浴部分则要确认设备品牌，是否有自己的品牌喜好或需求。

出立面、3D图（三维立体图）——决定建材

从立面图可以看到材料的配置，这时候3D图出来，检视材料是否合适。而此阶段其实是和阶段1串联起来的，这时就可以确认设计师此时的搭配是否和当初想要的风格吻合。

提示

设计图这样看

在装修过程中，屋主会取得设计师提供的各种图，除了一般人最常见的平面图，也包含实境感十足的3D图、各空间量体比例的立面图，或是可以知道收纳配置方式的柜内立面，以及灯具、插座配置平面图等。通过这些图，即使尚未完成改造，家的模样已几乎可以事先预想出来。而这些图所透露的信息和你未来的生活习惯、模式息息相关，因此在装修过程中不妨“试住”一下这些图里的空间，在各角落游走一遭，这样若有疑问或特殊需求，才能清楚地和设计师沟通，避免日后的不便。

平面图

通过平面图可以判断屋主的功能性需求是否都被满足。有趣的是，屋主通常在心中都会有几个“可能会是这样设计”的腹案，在先入为主的状况下，当设计师提出他们想都没想过的方案时会很错愕。建议屋主可以拿设计师的平面图回到空间里去走一遍，就能感受自己的预设和设计师的专业方案有何不一样，是否更适合未来生活。

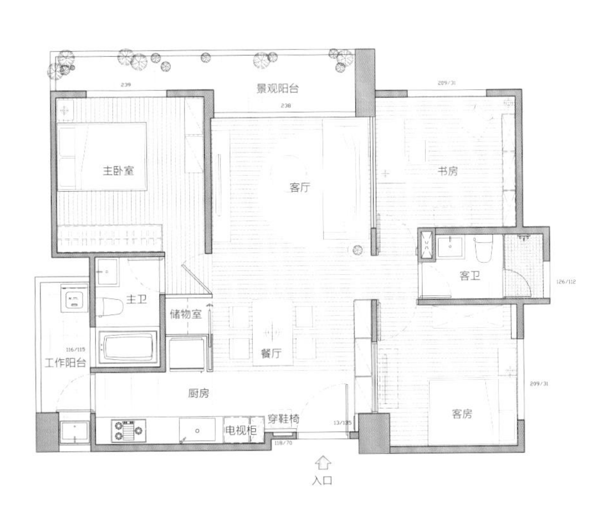

3D模拟图

如果仅靠平面图无法想象，下面这样的3D图会辅助说明，很多屋主比较喜欢看3D图来进行讨论，因为是立体空间的呈现，更可以想象之后家的模样。

平面系统图：天花板图/灯具图/空调图

这三张图要一起看，才可以把灯光的合理配置、空调走线与出风位置跟天花板的设计结合起来。

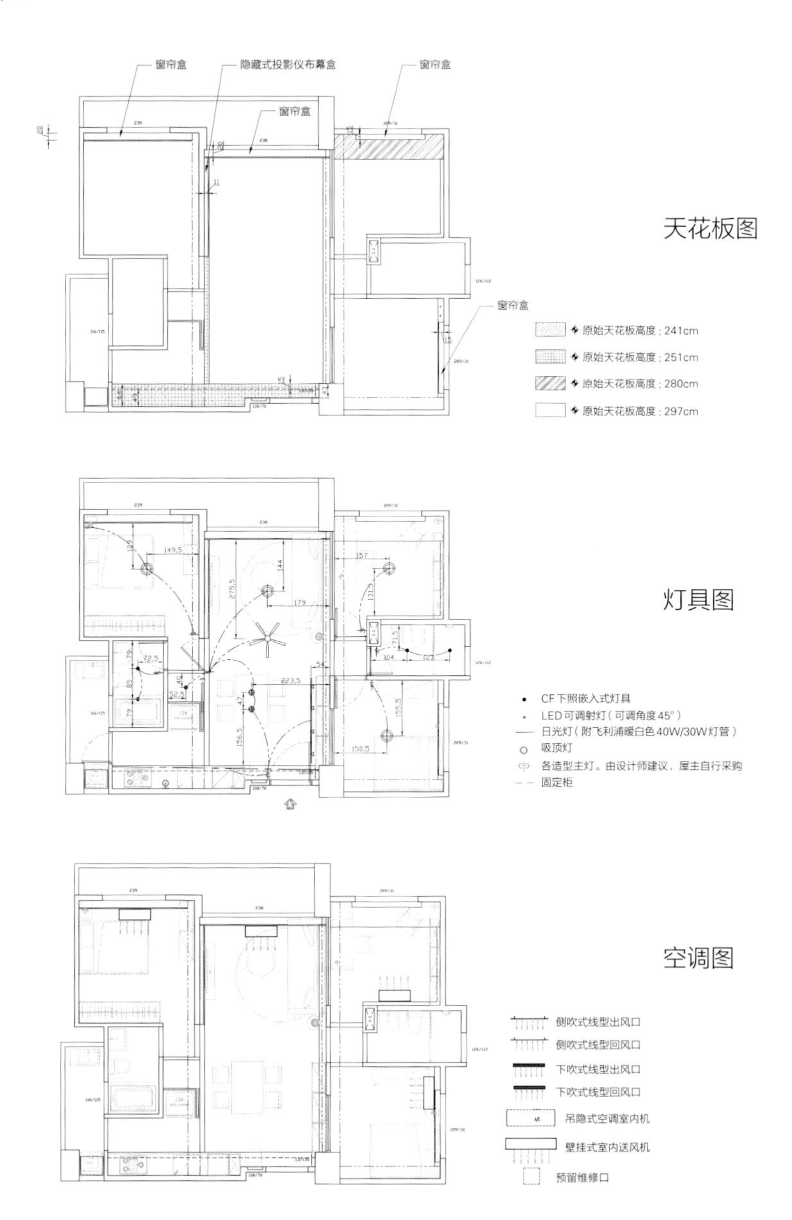

弱电插座配置图

为了照顾屋主的生活习惯，在习惯用电脑处会设置网络线口，在哪里打电话就会设置好电话线口，摆立灯的墙角就有插座，放置吸尘器和电风扇处一定要有插座，因为这些细节的讨论，让线路可以完善配备，随手可得。而平面图有清楚的尺寸，可以将弱电图、插座配置图这类的功能性图与平面图一起对照，看看设定的位置是否符合生活习惯和设备需求。

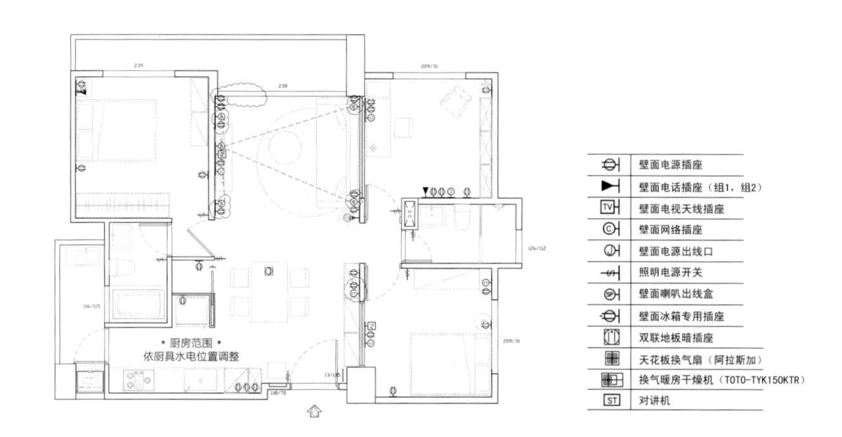

立面图

除了可以看到空间的比例分配，这也是决定整个空间氛围的最重要的图。想和设计师确认材质搭配、色彩，都可以在这幅图的基础上具体讨论。

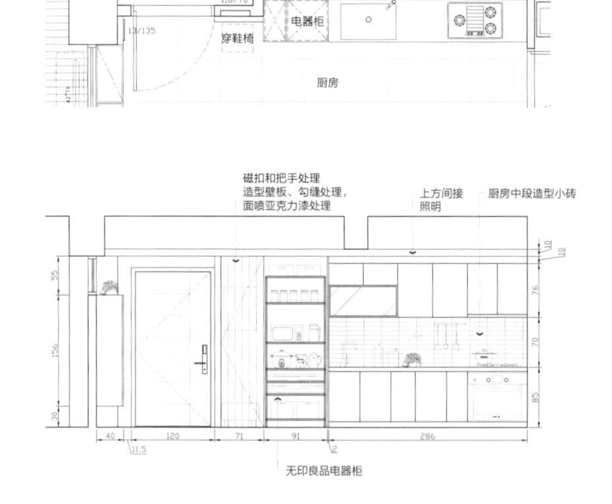

柜子立面图

柜内的分割属于细节的收纳功能分配，有多少长大衣、习惯吊挂还是折叠式的衣物收纳方式等，都可以一一厘清，依照习惯规划顺手的内部结构。

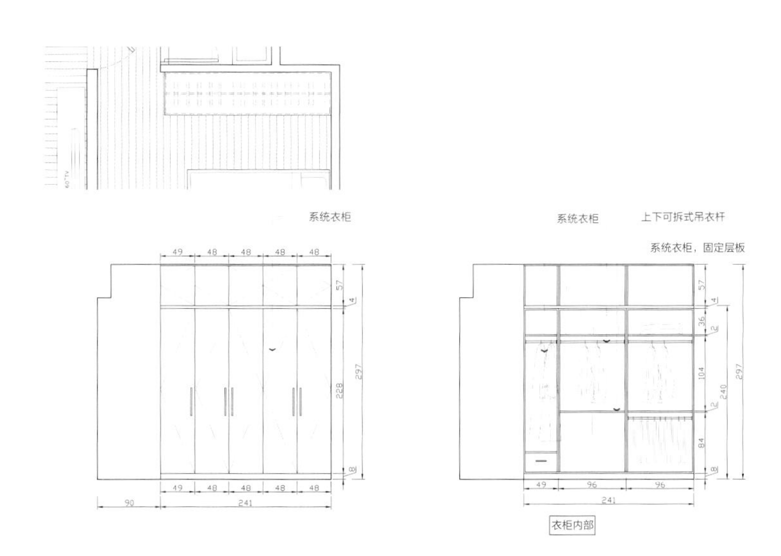

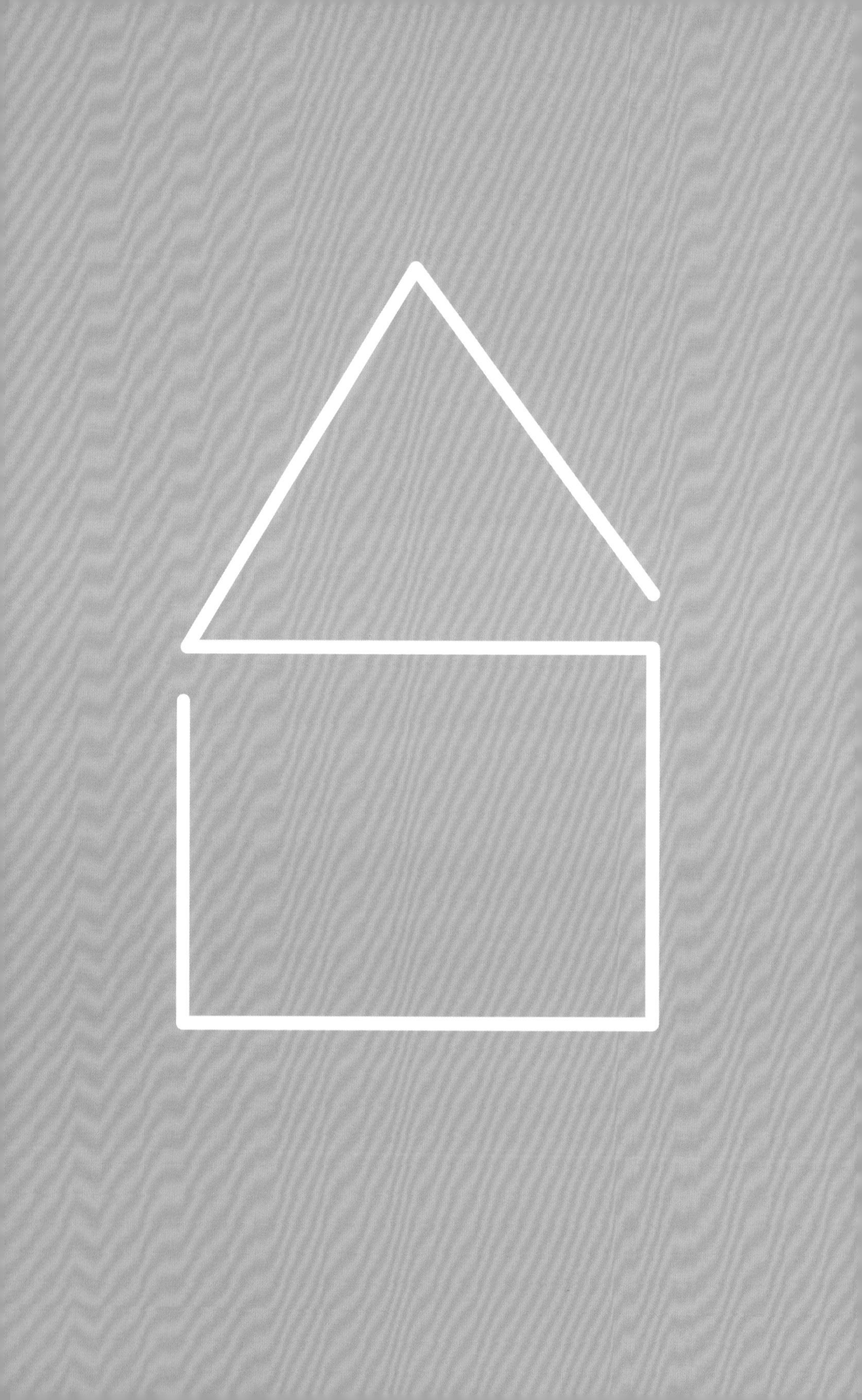

2
住好的！小家大满足

无印良品盐系小家

黑、白、灰小家

北欧 + LOFT随性小家

无印良品盐系小家

活用货架概念，香港的工作室住宅

弹性空间＋货架隔间＋窗台缘侧

创意十足的工作室住宅

谁说33平方米不能令人满足？用一座木货架打造出两面空间，生活与工作穿插行进，丝毫不违和。

住宅类型 住宅大楼
居住成员 夫妻
室内面积 33平方米（包括门槛和承重墙）
室内高度 2.67米
格　　局 玄关、客厅、餐厅、厨房、主卧、卫浴
建　　材 白橡木、橡木层压板、油漆、瓷砖、白色大理石、人造石
家具厂商 Normann Copenhagen、Hay、Koti Living

文字 李佳芳
空间设计 JAAK设计

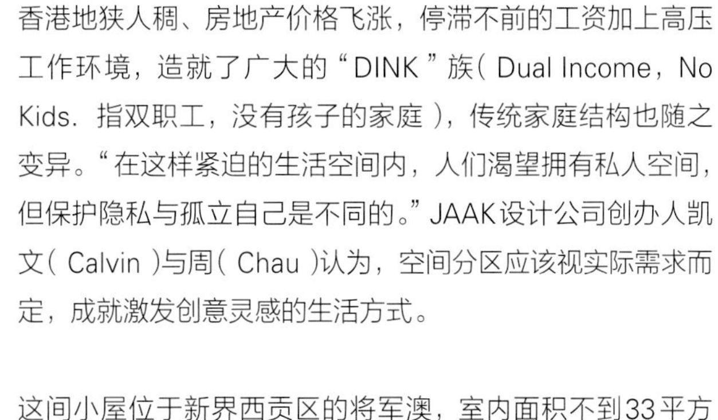

香港地狭人稠、房地产价格飞涨，停滞不前的工资加上高压工作环境，造就了广大的“DINK”族（Dual Income，No Kids. 指双职工，没有孩子的家庭），传统家庭结构也随之变异。“在这样紧迫的生活空间内，人们渴望拥有私人空间，但保护隐私与孤立自己是不同的。”JAAK设计公司创办人凯文（Calvin）与周（Chau）认为，空间分区应该视实际需求而定，成就激发创意灵感的生活方式。

这间小屋位于新界西贡区的将军澳，室内面积不到33平方米，原两室格局被打通，加上开放式厨房与橱柜隔间应用，重新分配的平面格局以工作室为主轴，展现出弹性灵活的生活态度。柜子是房子里最重要的家具，妥善整合了洗衣机、干衣机、电视机、衣服、书本等的收纳，而每个面对应的功能同时划分出玄关、客厅、厨房、卧室，无形定义了空间。

以白橡木、地砖与墙面粉刷构成空间色调，在呈现出小清新日系风格的同时，也部分沿用了传统日本建筑的设计精神。设计师受日本传统缘侧空间融合过道与停驻功能的启发，把动线安置在窗边，在柱间窗台加上软垫，让自然光可以最大限度地渗透到内部，流动于各个空间，得到采光增加的效果。

尺寸解析

长500厘米的天花板连续货架

室内高度约2.7米，块状的厕所空间宽280厘米、长295厘米，利用深度40厘米的系统柜作为隔间，并利用柜顶与天花板之间的空间设置连续性货架，创造了共约500厘米长的收纳空间，而货架在厕所墙面部分采用内退设计，以维持墙面的平整性。柜格深度约40厘米，内置无印良品的PP（聚丙烯）收纳盒（尺寸为长26厘米、深37厘米、高17.5厘米），每个格子内可放2个。

平面图解析

A+B 玄关位置不变，将卫浴隔间拆除，用系统柜取而代之。
C 原为封闭的小房间，取消隔间墙之后，厨房空间得以释放。
D 原被房间挤压，十分狭小，将隔间打通之后，恢复宽敞的空间感。
E 用书柜与书桌隔出睡眠区。
F 卫浴位置基本不变，用柜子作为空间区隔，争取更多收纳空间。
G 床架用系统柜取代，下方也有隐藏收纳空间。
H+I 走廊规划衣橱，并且整合窗台，打造出缘侧般的休憩区。

改造前

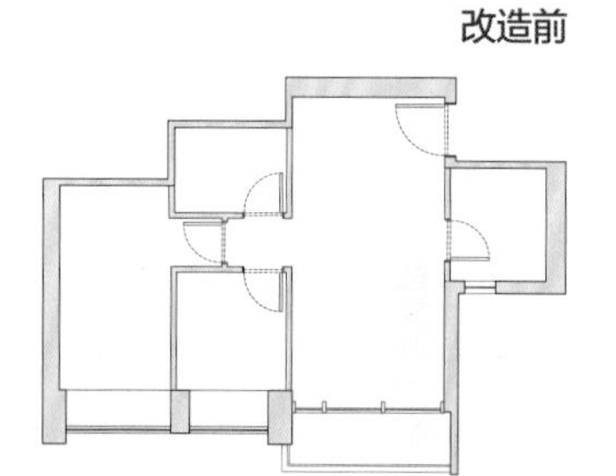

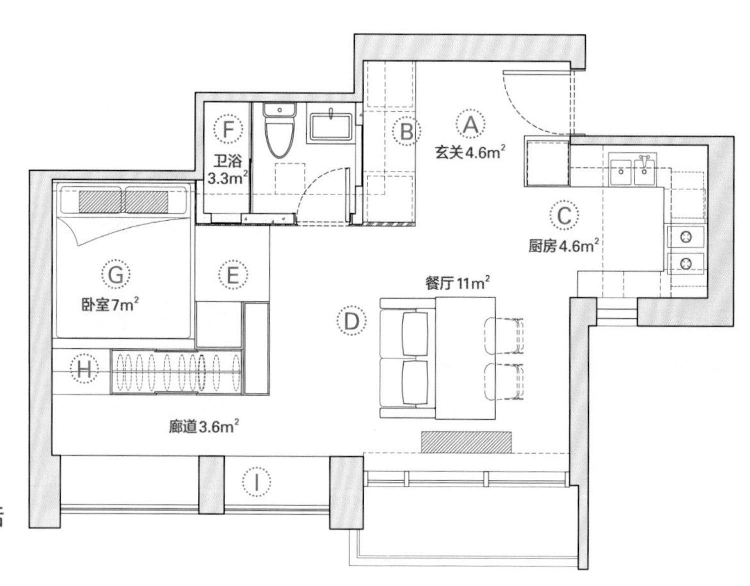

改造后

Ⓐ 空间

多面空间，两大系统柜穿插活用

整体空间由两大定制系统柜构成，第一部分是书桌、电视柜和衣橱，第二部分则是同时作为厕所隔间的玄关柜和利用柜顶空间安排的储藏空间。柜体兼具收纳与隔间功能，划分出厨房、玄关、卫浴、卧房等空间。

Ⓑ 材质

人造石与橡木板，系统柜变身玄关主角

玄关柜使用定制系统柜，主材是白橡木板，但局部加上人造石台面与背板，让风格更跳跃，同时也塑造出这个角落的视觉焦点。下柜的左右两个柜格设计得较大，尺寸为长27厘米、深38.5厘米、高38.5厘米，隐藏收纳洗衣机与干衣机等大型电器。

Ⓒ+Ⓓ 空间

释放狭小厨房，导入自然光

将厨房隔间墙取消，使狭窄空间释放出来并入公共空间，改善紧迫的空间感与不良采光。厨房与玄关之间的立柜用来隐藏冰箱，顶部剩余的空间则做成双面柜，用于厨房与餐厅的收纳储物。厨房里，洗手槽的对面就是空调主机的位置，直接将料理台面延伸设计为“冂”形，可隐蔽电器，也增加了备餐台面面积。

Ⓔ 柜子

巧用开放柜格，打造迷你电视墙

衣橱与书柜堆叠成的L形柜子成了卧室与公共空间的隔间，而在面向公共区域的外部，又加上了长122厘米、深30厘米、高267厘米的系统柜，巧妙在两个柜子的侧面收尾。系统柜的中间段分别留出数个开放格，可作为电视墙与设备柜，且电器利用柜体走线，一举数用。

Ⓕ 隔间

厕所墙顶缩进，隔间墙融入货架概念

利用卫浴隔间墙顶的内退设计，争取了外部的储物空间。此外，为了防止厕所潮湿问题，材料使用层压板，而天花板则用铝合金，并且覆盖了货架的内缩部分，防止水汽致使柜体发霉。

Ⓖ 柜子

隐藏线孔与书柜，保持视觉齐整

电脑桌被定位在衣橱与货架之间，利用柜体来隐蔽线路与设备。桌面整合在系统柜内，靠书桌的开放柜格用来收纳书籍，而桌面设计有隐藏的线孔，尽可能维持简洁的视觉感受。另外，桌面上方安装了拉帘，当另一方需要深夜工作或会议时，也能保持卧室的隐私。床也采取架高设计，下方藏有收纳空间。

提示

为了节省预算与保持视觉整齐，重新配置的电路直接埋在地面瓷砖下，插座则设在柜体底部。

Ⓗ 柜子

衣橱取代隔间，廊道化身伸展台

由于公寓空间狭窄，所以必须仔细安排储存空间，设计师用白橡木系统柜打造的衣橱，同时也是卧室与走廊的隔间墙。值得注意的是，衣橱设计了两面开口，面向走廊的开口在拿取上较为方便（颇有步入式衣帽间的意味）；但如有访客，就可改在卧室更衣，不用担心隐私曝光。

Ⓘ 窗台

无用窗台并入动线，成为高空阅读平台

柱子与柱子中间各有两个窗台，深度为64厘米，宽度分别是142厘米与189厘米，这原是十分浪费空间的设计，在不阻挡单侧采光的前提下，从客厅到卧室的动线集中在靠窗处，而窗台加上软垫变成休憩与阅读角落，这样兼具动线与停驻功能的通廊空间，类似日本传统建筑的缘侧空间。

无印良品盐系小家

从165平方米换入26平方米，爸妈的茶禅新空间

品茗坐禅＋阅读书写＋悠闲泡脚

生活更有乐趣

以木的材质呈现屋主想要的平静氛围，以大尺寸家具在视觉上延伸空间，26平方米很小？其实一点也不小。

住宅类型 二手房
居住成员 父母 + 女儿
室内面积 26平方米
室内高度 3.6米
格　　局 玄关、客厅、厨房、主卧、次卧、书房、卫浴
建　　材 瓷砖、木皮、木地板、强化玻璃、铁件、壁纸、电动升降设备
家具厂商 名邸家饰、惟德国际（灯具）

文字 黎美莲
空间设计 馥阁设计

当人生到了“见山又是山”的境界，想要回归平淡自在的生活，很多身边的俗物开始变得容易割舍。即将退休，女儿又即将离家上大学，屋主夫妻希望可以过真正属于两人的悠闲日子，将坐禅、书画与阅读、品茗变成日常重心，而不是把时间浪费在整理不完的家务上，因此从165平方米的大宅搬到只有26平方米的挑高夹层住宅。屋主改变的是未来的生活模式，而设计师改变的却是夹层屋僵硬的设计方式。

这是馥阁第一次为退休族规划如此小的夹层住宅，虽然屋主全权托付，但设计师还是担心，26平方米夹层屋的功能性与收纳空间，真的能让住惯165平方米的屋主适应与满意吗？其实在做出大宅换小屋的决定之前，女屋主就将常用与不常用的物品做了分区，经过近一年的测试，确定不常用的物品几乎都不会再使用后，才坚定了换屋的决心。

前屋主是单身男子，建筑商原设计有降板大浴缸，夹层作为单人卧室也十分足够。但两夫妻要住这样的小套房，甚至女儿偶尔会回家，必须有完整的家庭功能区与可以区分的两处卧室。为了让空间充分被利用，设计师在规划完客厅，并缩小过大的卫浴后，在只剩下电视墙后方可以作为厨房与楼梯空间的情况下，自行研发了可以收进电器柜的电动楼梯。为了扩充收纳空间，设计师更与施工队不断历经失败与研发，在不易利用的挑高角落设置电动升降吊柜，把收纳空间藏起来，小空间更显清爽无压力。

尺寸解析

小家里的足浴场

在一次度假泡汤的美好记忆驱使下，屋主提出可以在家泡脚的期望，设计师利用原来卫浴的管线，将注水龙头设置于柜体下，打造大小为64厘米×65厘米×30厘米的泡脚池，美观又实用。

平面图解析

A 原为开放式厨房，因屋主不喜欢进门见灶，所以打造成独立书房。

B 以大尺寸书桌、窗边长坐榻增强主空间的气场。

C 分别位于公共空间两端的足浴区和书房区上方都设有电动吊柜。

D 厨房走道设置隐藏式电动楼梯，需要时再遥控出现。

E 卧室空间茶桌处，女儿回家时可变为卧铺。

改造前

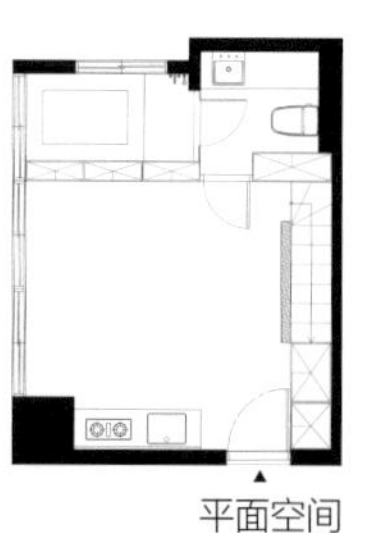
平面空间

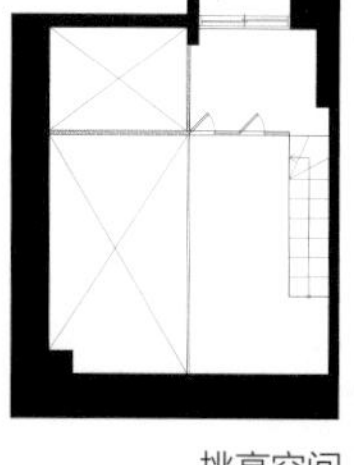
挑高空间

改造后

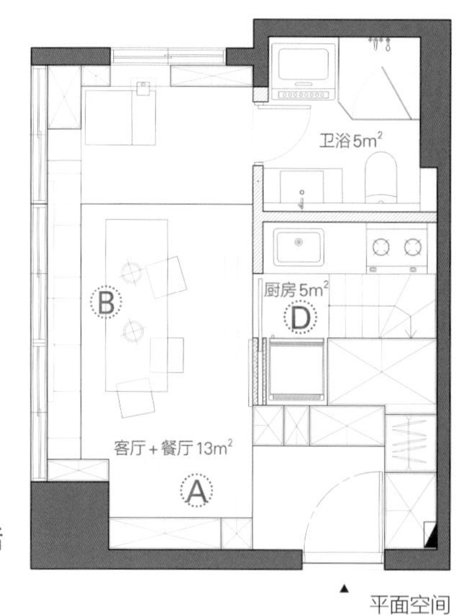

平面空间

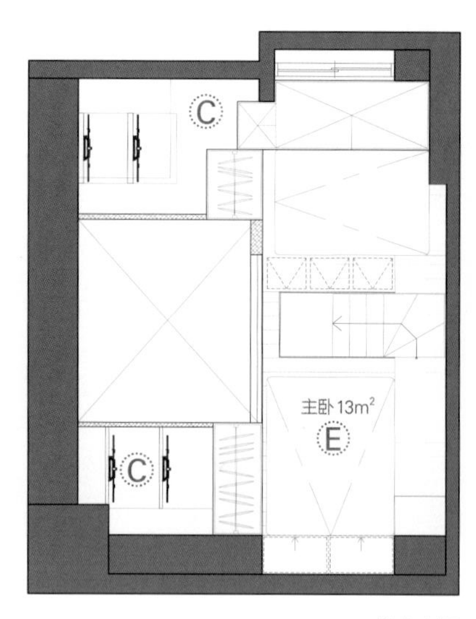

挑高空间

Ⓐ 空间

工作区，以移门分隔两个世界

男屋主需要书房工作区，为了避免电脑的科技感与全屋充满慢活的生活感不搭配，设计师将原来一进门的厨房区以“柜中书房”的概念改建成隐藏的工作区，不用时关上木质移门，就能将公事与杂物隔绝，享受充满禅味的氛围。

Ⓑ 家具

大尺寸家具＋多功能坐榻

小面积空间摆放大沙发与大书桌，减少零碎的摆设，更能凝聚视觉焦点，让人忽略空间的窄小。女主人擅长茶道，也喜欢打禅，大尺寸的家具更实用。此外，屋主夫妻喜欢邀请朋友做客，因此，设计师定制了长347厘米、宽42厘米、高35厘米的长坐榻，搭配能随意更换位置的坐垫，让屋主可坐可卧，或是配合客人到访调整座位，下方则隐藏了收纳空间，功能强大。

Ⓒ 柜子

升降柜，收纳向上发展

虽然不必容纳165平方米的家当，但屋主的衣物与收藏品的收纳仍需好好规划。平面空间面积有限，因此，如何利用入口书房区及足浴区上方的挑高空间规划升降柜进行收纳，就成了设计师的挑战。原先单臂设计的升降柜会因承重而倾斜，小升降柜上方则需隐藏空调，历经摸索与多次实验，才做出方便取用的巧妙机关，并改变了层高3.6米的夹层需要爬着拿取物品的窘况。

D 楼梯

厨房+"机关算尽"的隐藏电动梯

隐藏在电视柜后的是这间屋子最大的机关——充满创意的隐藏式电动梯，是完全应格局需求的独家设计。设计师历经多次设计与实验，将收放自如的楼梯与电器柜结合，下厨时收起，上楼时拉出，长127厘米、宽75厘米、高162厘米的阶梯行走方便，更可作为夹层上两个睡眠区的区隔。

Ⓔ 空间

一家三口可以共眠的寝区

主卧依楼梯分成两个区块，一侧是屋主夫妻的寝区，两旁设计有吊杆与抽屉，另一侧原先的衣柜极深，需要爬进去，考量屋主年纪，将前方规划为隐藏式衣柜，后方改设升降柜。另一边可以摆放茶桌（原先嵌入泡脚池的盖板，小空间一物多用），女儿返家就可移开当卧铺。

无印良品盐系小家

屋中屋，小家也能好好玩！

盒子屋＋空桥＋落地大书墙柜 走进日系风的家

步入玄关，右侧为开放式的客、餐、厨公共区域，左侧楼梯串联上下左右三房和卫浴。

住宅类型 新房
居住成员 3人
室内面积 40平方米
室内高度 4.6米
格　　局 3室2厅1卫
建　　材 松木夹板、黑板漆、松木实木皮、日式榻榻米地板
家具厂商 原柚本居

文字 邱建文
空间设计 好室设计

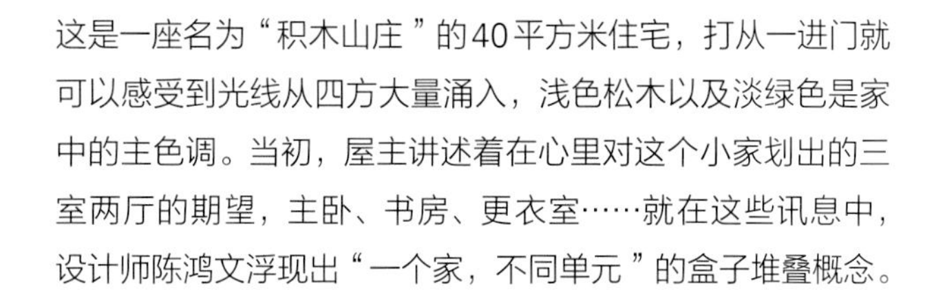

这是一座名为“积木山庄”的40平方米住宅，打从一进门就可以感受到光线从四方大量涌入，浅色松木以及淡绿色是家中的主色调。当初，屋主讲述着在心里对这个小家划出的三室两厅的期望，主卧、书房、更衣室……就在这些讯息中，设计师陈鸿文浮现出“一个家，不同单元”的盒子堆叠概念。

当初房子左半边层高为4.4米，右半边则是3.6米，一分为二的两种不同层高，正好提供了设计上的多种可能性，于是，设计师一开始先将楼梯以动线的最短距离做定位，再利用左侧的层高结合空桥，形成主卧、儿童房、更衣室、书房以及卫浴5个独立的功能空间。

有趣的是，主卧与更衣室出入口的门框，采以斜屋顶的小房子造型切割，利落中显现童趣，行走在其中，可以想象自己如同从一个房子走到另一个房子。更衣室的转角视窗设计，则可让妈妈一览客、餐厅的动静。

空桥过道下则被规划成全家的书房区。给这个小住宅增添气势的440厘米高的落地书墙背后，原本是零乱单调的黑边窗框，用落地书柜将原有窗框遮蔽，再通过虚实错落的格状设计留下透光之处，既让光线柔和地挥洒入内，也让整个家利落之中散发原木的况味。

尺寸解析

空桥决定空间切割

楼梯以架桥的概念串联起上下左右4个不同功能的空间。上下空间的层高并非以3.97米扣除楼板厚度15厘米后再对半划分，而是规划时临时搭出参考楼板，让男屋主去感受舒适高度，因此决定下方预留高度1.82米，调整多一点高度给上方楼层。

平面图解析

A 玄关柜。

B 开放式客、餐厅，绿色主墙涵盖各式收纳空间。

C 原有厨房家具，加高上方橱柜，增加收纳空间。

D 楼梯悬浮设计，意在增加下方空间流通感。

E 儿童房位于主卧正下方。

F 书柜贯通上下两层，让自然光穿透，并加入写字台功能。

G+H 主卧与更衣室之间的过道为空桥，方便使用上层书柜。

I 更衣室。其外墙转角有镂空设计，破除实墙的封闭感，让视野穿透到客、餐厅。

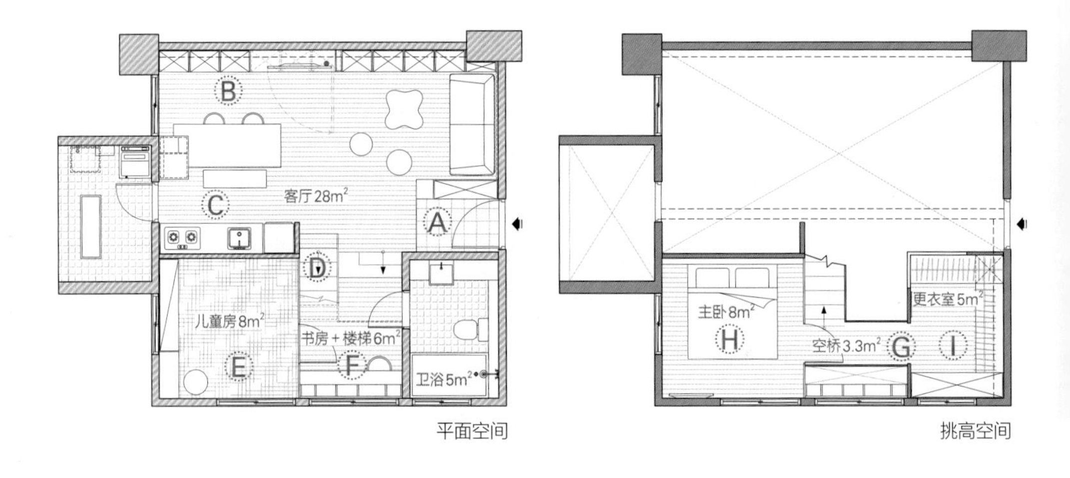

Ⓐ 柜体

C形玄关柜、衣帽柜

入口玄关柜为水泥粉光质感的系统板材，除了收纳室内拖鞋、外出鞋，穿鞋椅上方的C形悬吊柜则作为衣帽柜使用。

积木山庄概念图

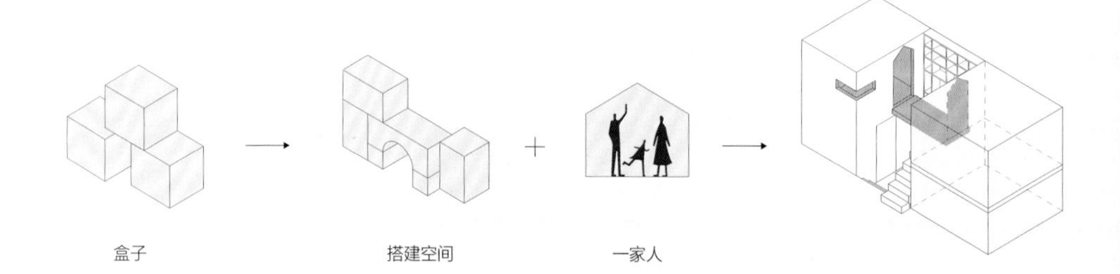

Ⓑ 柜子

600厘米长的复合式主墙柜

客、餐厅主墙为总长600厘米的系统柜墙。左侧深40厘米的格子柜分别为红酒柜、书柜。电视机使用机械架，可转向沙发区。将一般的美耐皿树脂柜门以茶绿色的喷漆上色。

Ⓒ 橱柜

横吊柜，替厨房争取40厘米高的收纳区

原来的厨房层高为2米，由于设计简单，收纳效果不理想，因此在原有的吊柜之上，利用上方空间再加一层40厘米高的横吊柜，与冰箱和料理台同宽，再运用餐桌旁的矮柜收放电器，大幅增加储物空间。

F

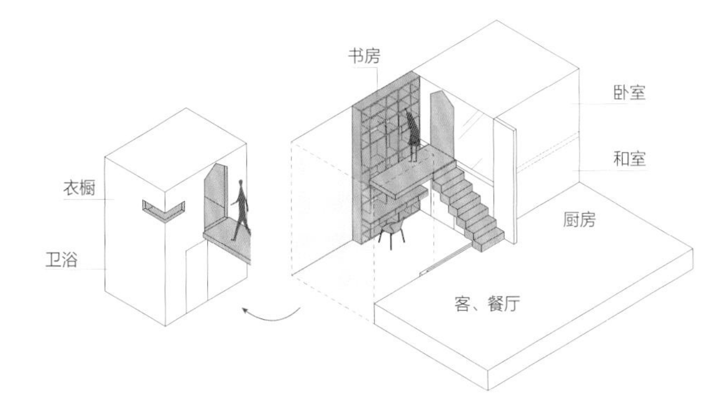

Ⓓ 楼梯

悬浮梯，定位空间的重要动线

楼梯为钢结构，外包木材。面向写字台的两个阶梯侧面则设计成箱形展示柜，可陈列生活摆饰。由书房通往客、餐厅的台阶以松木搭配混入黑色的梯面，增加跳色的趣味和坐凳的功能。

Ⓔ+Ⓕ 空间

书房+儿童房，以梯为分界

书房、阅读区与空桥空间交错的部分是440厘米高，每格宽50厘米的松木书柜，与书桌一起整组定制而成。松木柜体以卡榫组接，没有钉孔的粗糙感。主卧下方的儿童房设有横拉式置物柜，边侧的"冂"形桌可移动。

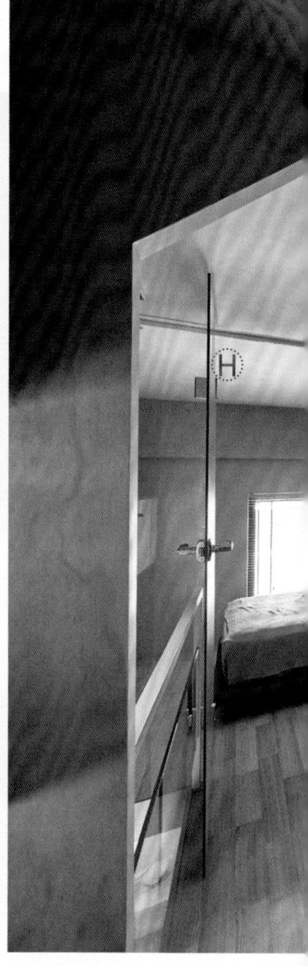

Ⓖ+Ⓗ 空间

连接两个小屋的空桥式走道

空桥以玻璃和白色铁件为栏杆扶手的设计，不仅能营造通透感，也在书墙之间预留了空隙。同时，空桥也是连接主卧与更衣室的重要过道，主卧的门为玻璃结合木纹软膜的设计，与更衣室的小房子造型门框呼应。

Ⓘ 收纳

更衣室吊挂、拉篮、层板分区

屋主对更衣室的需求除了以层板做出设置拉篮、抽屉的空间之外，仍以吊挂为主，因此除了右侧墙在梁下设置了层板外，另两侧多设置吊杆。深度60厘米的工作平台方便对衣物进行整理熨烫。更衣室与书房柜体可见到的大片木的纹理效果，则是将松木皮以旋切方式处理而成。

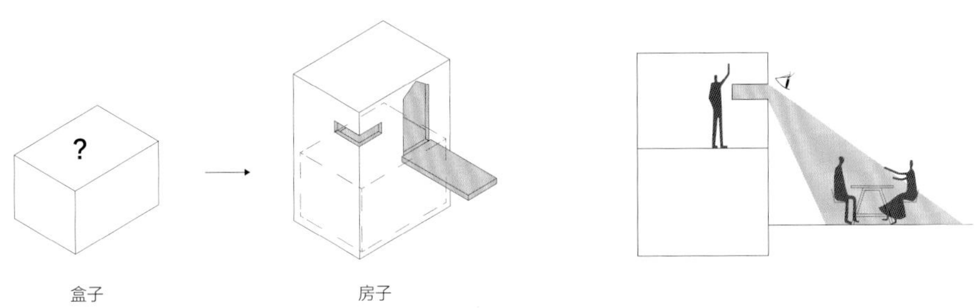
?
盒子
房子

无印良品盐系小家

回廊小宅！一转角就是一个功能区

高低差＋立面屏障柜
隔出私密空间的同时沟通不间断

白色电视墙兼作电器柜，隔出厨房与客厅，足够的宽度还能让人坐在上方欣赏窗景。

住宅类型 新房
居住成员 夫妻
室内面积 33平方米
室内高度 3.6米、4.2米
格　　局 客厅、厨房、卧室、卫浴、阳台、夹层储藏室
建　　材 烤漆玻璃、不锈钢、人造石、砖、健康合板
家具厂商 集品文创(Design Butik)、艺兆窗饰织品

文字 黎美莲
空间设计 馥阁设计

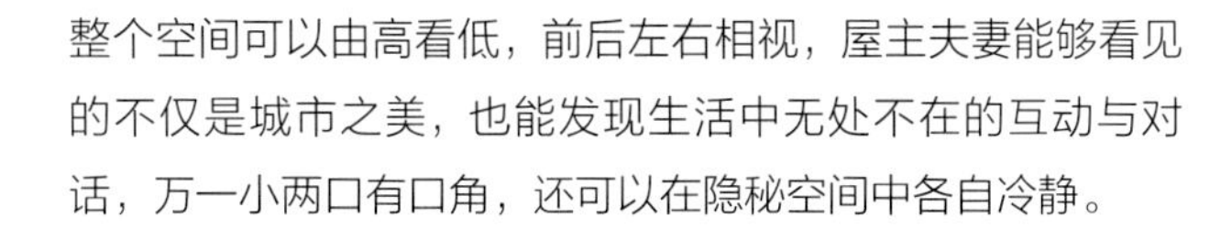

整个空间可以由高看低，前后左右相视，屋主夫妻能够看见的不仅是城市之美，也能发现生活中无处不在的互动与对话，万一小两口有口角，还可以在隐秘空间中各自冷静。

然而，在最初遇见这个小房子时，原始格局可不是这么美好。原本只有小小33平方米的挑高屋，一进门处就是厨房与客厅，走下阶梯则是卫浴与卧室，错层的规划让地面走几步就出现高低差，还得靠阶梯衔接动线，十分不便。因此，设计师为新婚屋主将层高3.6米的部分作为客厅与卧室，中间以半开放墙板为界；层高4.2米的部分则稍微加高地面，外阳台也一并架高至与长廊平齐，以一道隐藏了升降式餐桌及收纳空间，同时连接厨房、客厅与卧室的长廊化解困局，让欣赏夕阳的角度不再被女儿墙遮挡，进厕所也不必再踏一级阶梯，还弥补了小面积的不足，增加收纳空间。

挑高区设置储藏室，不占满整个空间的原因是方便屋主将杂物拿下来，不必爬进去翻找。而极高的电视柜顶邻近挑高的储藏室，一步就能跨过，可以坐在高处变换视野。依照屋主夫妻喜爱的质感，全屋设定木与白的主色调。屋主最大的需求是要有浴缸，于是卫浴进行大改造，先确定厕所使用的木纹砖后，再找到花色相近的健康合板，统一室内天、地、壁的调性。

尺寸解析

电视与冰箱共用一柜

以一个两用的电视柜区隔客厅与厨房，背后是长120厘米、宽66厘米、高220厘米的电器柜，也是一个可以坐着欣赏窗景的高台，不管另一半在家里的哪个角落，都能无障碍对话。

平面图解析

A 将原有厨房移走，规划出客厅。
B 客厅玄关处，布置轻巧的鞋柜及其他家具。
C 主卧与壁面的大容量衣柜，把收纳空间藏在私密空间里。
D 挪用部分阳台空间打造长廊平台，串联全屋动线。
E 在长廊中隐藏升降桌，是最不占空间的餐桌。
F 让厨房与卫浴地面高度平齐，使动线流畅，下厨更顺手。
G 挑高平台与储藏室。
H 更改格局，扩大卫浴空间，为屋主增设最想要的泡澡浴缸。

改造前

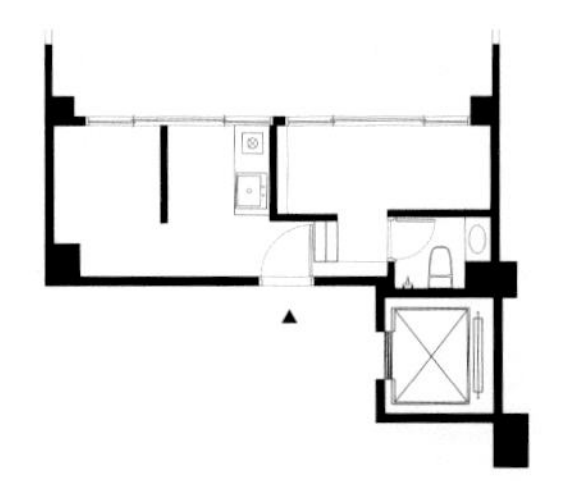

改造后

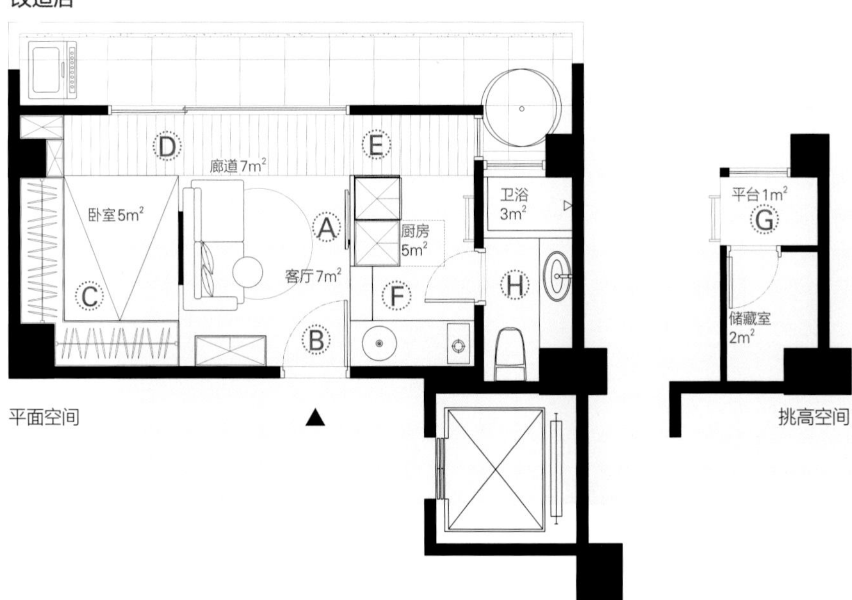

平面空间

挑高空间

Ⓐ 空间

客厅居中，串联两端

原有格局是公私空间分开，因此厨房很难避免进门见灶的情况，设计师打破公私界限，把进门可以看到城市景观的最好位置留给客厅，一旁则以鞋柜连接左侧主卧柜体，再以健康合板的木色墙板为屏风，阻挡直视主卧的视线，厨房则移至右侧，区分更明确。

Ⓑ 家具

固定家具＋弹性活动家具

因为空间面积极小，加上空间的固定家具已经齐备，客厅玄关区在家具的选择上以简洁设计的矮茶几搭配附滚轮的置物架，可依据使用需求随时移动，若有客来访，长廊平台可成为座椅，桌子换个方向就能成为聚会茶几。

Ⓒ 柜子

环绕式衣柜，床侧挖空取代床头柜

主卧的收纳则沿着两侧的墙面，打造顶天立地的大衣柜，内有大小高低不同的格柜，收纳功能绝对完备。设计师将柜体下方靠床的一侧挖空，保有呼吸空间、放置手机小物外，也能放上夜灯，方便阅读。

Ⓓ 材质

地板＋天花板：长廊平台统一全屋调性

设计师选用与卫浴木纹砖花纹几乎一致的健康合板，经过硬化处理，让它更耐磨、实用。将同一材质贯穿全屋，像长廊平台由地面到壁面展示柜，再延伸至天花板，甚至是主卧的门。让空间调性具有整体感，就不会因视觉过于纷乱而觉得窄小。

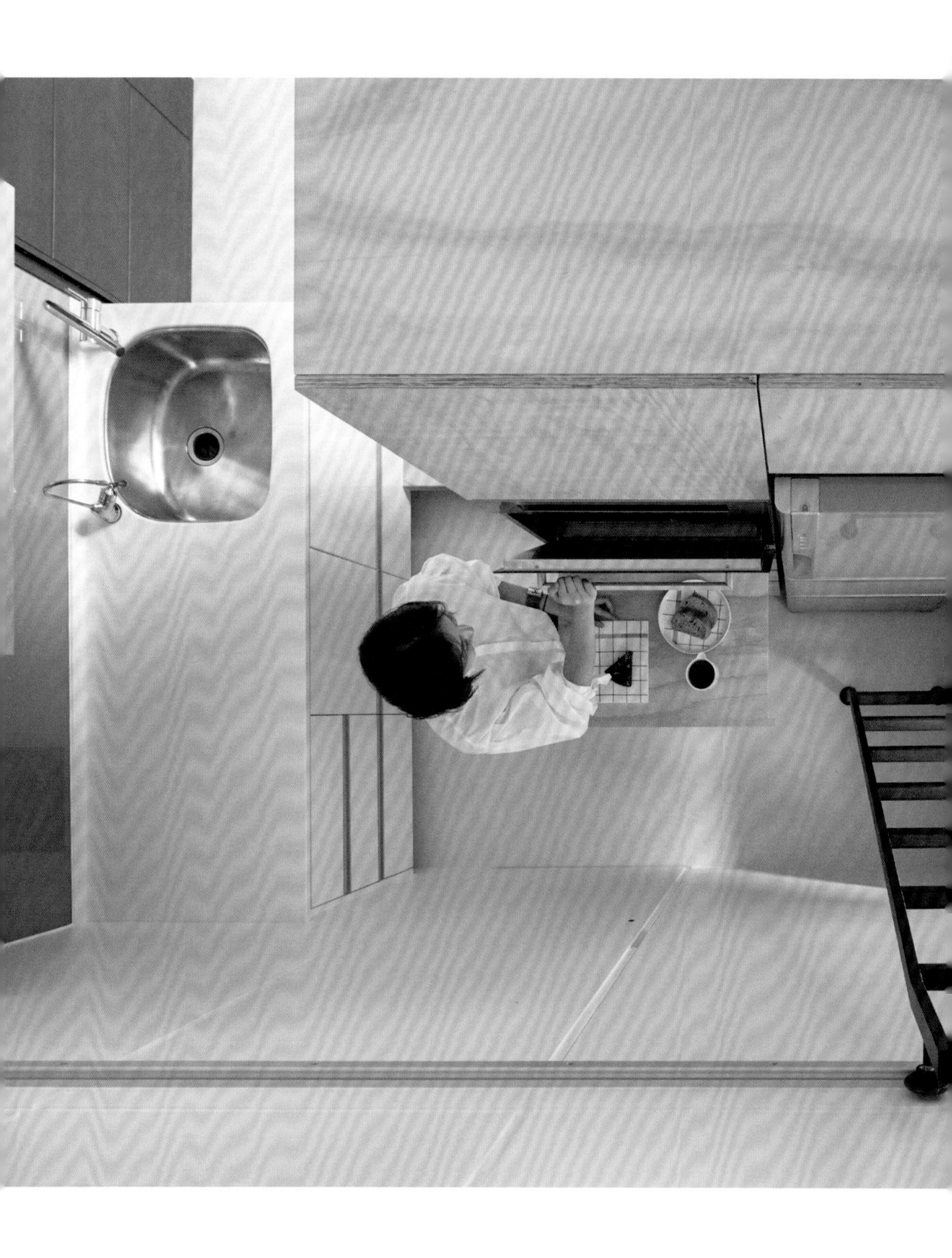

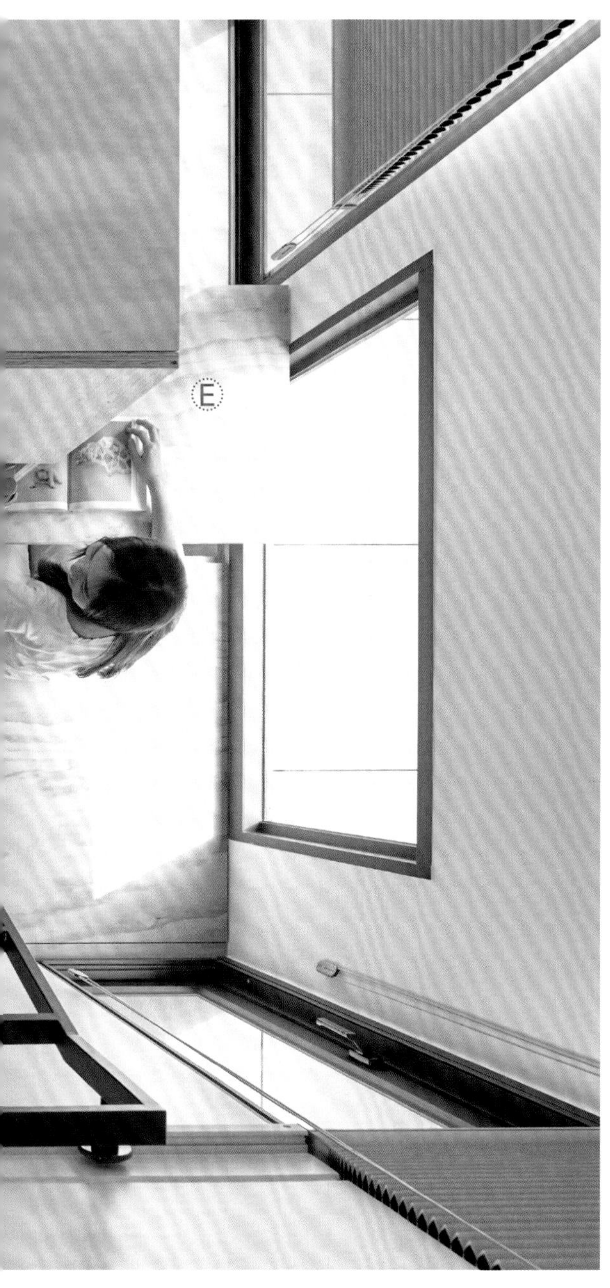

Ⓔ 设备

长廊平台暗藏升降桌

虽然面积小且人口少，但设计师仍给了屋主夫妻独立的用餐区。紧邻厨房的长廊平台隐藏有升降桌，一旁则开了小窗，可以在晨光里用餐，在月色中谈心。尤其是在电器柜中增设了料理平台，离餐桌很近，递送碗盘、菜肴十分方便。

Ⓕ 空间

厨房区垫高地面，收纳取用超顺手

层高4.2米的区域原先有两级阶梯，走两步又要再上一级到卫浴，动线不顺畅，设计师考量层高足够，将厨房地面填补近20厘米的高度至与卫浴同高。不管是料理台或上方层板柜，使用、拿取东西都很顺手。

G 空间

储藏室＋秘密基地＝挑高区

在挑高的空间里，设计师舍弃将全部空间规划为储藏室的想法，除了让空间不致过度密闭，最重要的是，当丈夫出差不在家，借由垫高的长廊，女主人拿取杂物不会太费力。同时，也可以作为一个秘密基地，让空间与人、人与人的相处都有缓冲的余地。

H 门

隐藏式卫浴门，外拉不占内部空间

为了满足屋主对浴缸的期待，把卫浴面积扩大，门隐藏在墙面里，向外开，内部就不需要回转空间，进出方便。靠近阳台处设置浴缸，多了采光面，泡澡时也能欣赏窗外绿意，成为放松舒适的好享受。

无印良品盐系小家

换位思考，20平方米也能大量藏书

横向书柜＋泡澡浴缸＋弹性餐桌

生活品质不牺牲

即使只有20平方米，仍满足了有泡澡浴缸、宽裕的收纳和生活空间的需求。

住宅类型 二手房
居住成员 1人
室内面积 20平方米
室内高度 3.3米
格　　局 客厅、餐厅、厨房、主卧、卫浴
建　　材 橡木皮、染白木皮、夹板、铁件、海岛型木地板、瓷砖
家具厂商 樱花厨具、集品文创

文字 温智仪
空间设计 A Little Design

20平方米，这个几乎比小旅馆房间还小的空间，竟然能让生活大满足。不只有小厨房可以做菜，不必委身在茶几而能坐在正常餐桌用餐，有空间邀一群朋友来做客，还拥有足以容纳500多本书的书墙！最完美的是，设计师扫除供水量和设备收纳的万难，替需要泡澡消除疲劳的屋主争取到了有140厘米长的标准浴缸的空间。这些设计解决了老公寓原本格局局促的问题，创造出让屋主全然放松的单身小家。换位思考就会不一样！原本电视机摆放在现今衣柜的位置，浪费了整墙空间，因此，设计师将电视机位置移至楼梯立面，管线孔预留在楼梯下方，未来可直接安装。如此一来，空出的挑高大墙便依使用频率设置上下层不同主题的收纳空间：下方是好拿好收的衣柜，而书柜则转为横向设置在上方，以滑轨五金立梯辅助取放。

仔细看会发现，虽然空间不大，但厨房家具、衣柜、卧榻、边桌的尺寸并没有因空间限制而缩小，保留了人体需要的舒适规格！此外，除了边桌可移动变化，其他固定家具如卧榻、衣柜、楼梯尽可能靠墙，避免产生走道和畸零地，让出中间的一整块空地，除了能让屋主从容利用周边空间收纳，更多了在家运动的场地。

尺寸解析

超大容量横向矩阵书柜

9×3格的横向书柜，每一格长40厘米、宽37.5厘米、高37.5厘米，尺寸和无印良品的矩阵书架相似，可与收纳篮、塑料盒、直立A4文件夹等配件相容。一格大概可以放20本书，总共27格的书柜可以收纳500多本书！

平面图解析

A 楼梯位置不变，但将原有的橱柜处用来隐藏大型电热水器。

C 原为沙发区，将沙发移至B后，摆放两张可移动式长窄桌。

D 原为电视柜，现为书柜和衣柜结合的大型收纳区。

E 为挑高上层空间，作为卧室睡眠区，床尾墙面原来是得跪坐着取衣的衣柜，如今规划成小型阅读桌。

F/G 厨房和客厅交接处原有小吧台，调整后让厨房变长，可以置入洗衣机。

H 将原有的平开门改成移门。

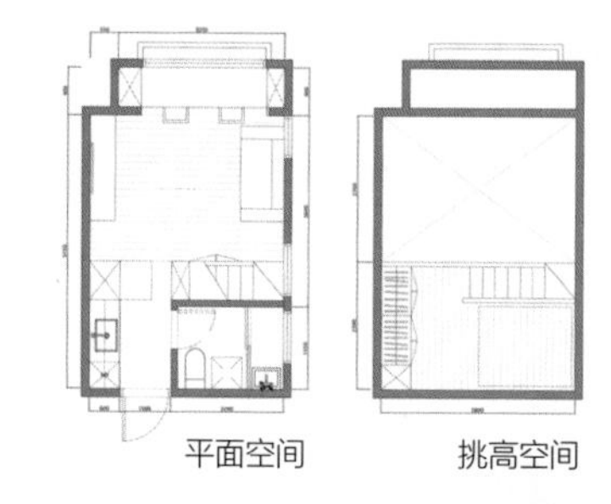

改造前

改造后

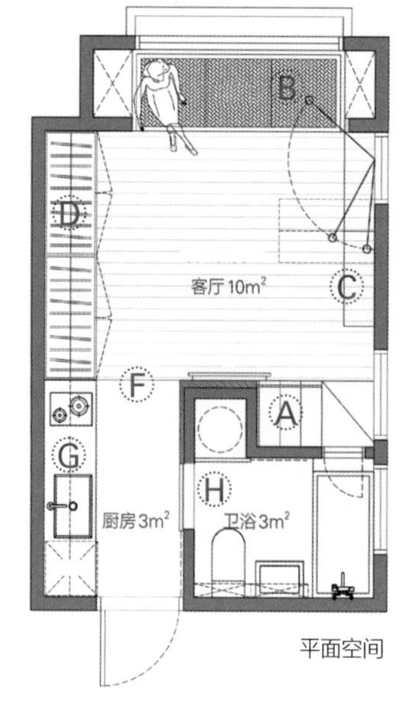

平面空间

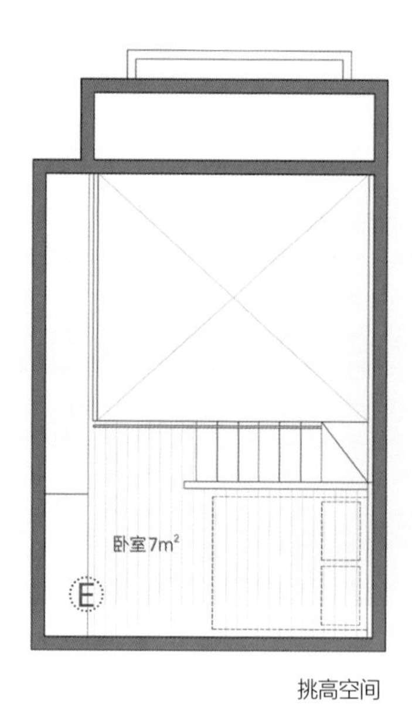

挑高空间

Ⓐ 阶梯

隐藏收纳电热设备

在台湾，没有阳台的住宅无法申请安装燃气，小型的即热式电热水器又不足以供应泡澡的热水，调整了隔间之后，在楼梯下方分割出可放置110升大容量的储热式电热水器的空间。楼梯的墙板式扶手改为铁制扶手，增加视觉通透性，下方墙面则预留了电视的位置，还有两个隐藏式鞋柜。

Ⓑ 家具

沙发＝卧榻＋收纳柜

利用窗边原有的凸出空间，以深90厘米的卧榻当大沙发，深度同单人床，还可留宿亲友。表面材质是榻榻米，下方大型抽屉的设计足以收纳客厅物品。此外，卧榻左右两侧的延伸桌面是上掀式，够深的空间方便将小毯子和抱枕收纳进去。另有上壁柜与层架，增加许多随手收纳的空间。

Ⓒ 家具

靠墙长工作桌=并排大餐桌

配合墙面长度定制两张一样的窄边桌，尺寸为40厘米 × 100厘米，桌面材质为橡木原木，两张桌子靠墙时当工作桌，长达200厘米却不占客厅空间，合并时即可成为80厘米 × 100厘米的大餐桌。多人来访时也能合并成一张大长桌移到沙发前，视需要随时变化功能。

Ⓓ 柜子

下段衣柜＋上段书墙

配合使用频率，下段设计成经常使用的衣柜。书柜则横向叠在衣柜上方，设置滑轨立梯方便拿取较少用到的藏书，高处开放式设计，避免柜门阻碍取物。而书柜长度延伸到了二楼的楼梯口，常用的书伸手就可拿到。书柜前后各留10厘米的宽度，前面设置滑轨，后面则藏水电管线，刚好与衣柜深度平齐，完成一体感。

Ⓔ 空间

书架阅读桌＋睡眠区

挑高住宅上层高度是1.2米，刚好是坐姿舒适的高度，因此设置以坐姿为主的床和阅读桌。由于书柜延伸到二楼的楼梯口，所以顺势做出深度相同的阅读桌，伸手就可拿到6格书柜的常用书籍和物品，也兼有梳妆台功能。睡眠区的卷帘没有拉绳，只需要通过隐藏把手，便可自由调整下拉程度。

F

G

Ⓕ 空间

整合柜体，避免产生走道

固定家具如厨具柜、衣柜、书架等尽可能整合在同一面墙，不要让空间产生走道。厨房空间虽然上方留给睡眠区，但仍留有约200厘米站立舒适的高度，好采光一路通到玄关，因此不会产生压迫感，加上地面采用的是有别于客厅木地板的瓷砖，除了便于清洁，也让此空间更具独立性。由于空间小，尽量减少材质的变化，因此全室以橡木本色和白色为主，维持视觉清爽。

Ⓖ 厨房家具

轻型上掀式吊柜

一字形台面搭配标准深度35厘米、稍微压低高度的40厘米短吊柜，由于高度低于一般上柜，柜门采用上掀设计（比对开门更省空间，对短柜尺寸来说，开关也容易），虽说使用频率较高的用品可以置放在下方层板，但实际使用时屋主通常会将上掀门全部打开，清理或使用厨房时，用具一目了然且取放更顺手，只需在清理完成后盖上门，一切又回归井然有序。

Ⓗ 门

卫浴移门+镜面维修门

屋主有泡澡习惯，因此将洗衣机移到厨房，原有淋浴空间则改造成浴缸。因卫浴入口就在玄关和厨房的走道上，所以采用横移式门，省去平开门需要的回旋空间。卫浴内的玻璃镜同时也是一道平开门，拉开即可见阶梯下方的电热水器，为维修热水器与使用剩下的收纳空间提供便利，镜面门在视觉上还可以放大卫浴的空间。

无印良品盐系小家

清新日光居，从家具出发构想一个家

硅藻泥＋日系家具＋浅色橡木 质感生活不减分

以浅木色为基础，以无印良品风格的家具为中心进行设计，屋主期望的是一个简单明朗的家。

住宅类型 新房
居住成员 2人
室内面积 80平方米
室内高度 3.03米
格　　局 3室、2厅、2卫浴、2阳台、1厨房
建　　材 日本硅藻泥、夹板、实木木皮板、超耐磨地板、玻璃、水性漆
家具厂商 Woow&Co.（HARTO）、Ruskasa

文字 张艾笔
空间设计 十一日晴空间设计

建筑专业出身，后来却成为飞行机师的屋主对空间本身就很有概念，一开始在挑房子的时候就已经对住宅的格局进行了筛选，设计师也有同样的共识，因此保有原始隔间，从风格创造、实用功能打造两方面逐步着手。

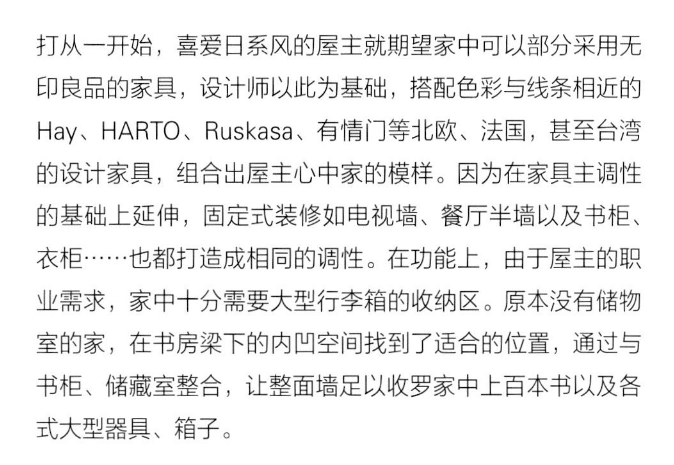

打从一开始，喜爱日系风的屋主就期望家中可以部分采用无印良品的家具，设计师以此为基础，搭配色彩与线条相近的Hay、HARTO、Ruskasa、有情门等北欧、法国，甚至台湾的设计家具，组合出屋主心中家的模样。因为在家具主调性的基础上延伸，固定式装修如电视墙、餐厅半墙以及书柜、衣柜……也都打造成相同的调性。在功能上，由于屋主的职业需求，家中十分需要大型行李箱的收纳区。原本没有储物室的家，在书房梁下的内凹空间找到了适合的位置，通过与书柜、储藏室整合，让整面墙足以收罗家中上百本书以及各式大型器具、箱子。

舒适的26平方米公共空间则由白色矮墙区隔出玄关、迷你吧台和餐厅，一如日剧中的生活场景，考虑到客厅和主卧的位置有长时间日晒，墙面选用日本住宅常见，有除湿排热效果的绿色硅藻泥，而当初建筑商所配的深木色门，也重新以亚克力喷漆处理成淡绿色，与墙体搭配。仔细观察不难发现，整个小家的色彩以绿、灰、白、木四色为主，低明度不张扬的选色正是日系住宅的关键。

尺寸解析

延伸横梁，书柜与小储藏室整合

书房区包覆上方横梁，深度以储藏空间为主，以长90.5厘米、宽57厘米、高240厘米的小型储物柜收纳大型物件。选购无印良品长199.5厘米、宽28.5厘米、高200厘米的书柜，搭配自由组合抽屉，几乎可放置500本以上的A4大小的书籍，上方也将横梁延伸出的空间充分利用了起来。

平面图解析

A 用200厘米长的矮墙打造玄关区，并在入口一侧做出一面多功能鞋柜。

B 客厅以硅藻泥墙面和浅色夹板电视墙重新奠定舒适慵懒的极简风格。

C 餐厅空间，利用矮墙做小隔间。

D 观景阳台书房，利用此区原有的梁柱，做出一整面收纳柜。

E 主卧空间，延续公共区域的浅木色。

改造前

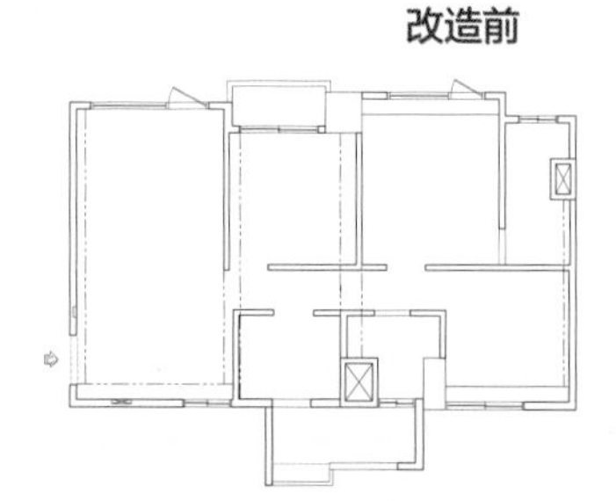

改造后

Ⓐ 柜子

悬空设计=方便换鞋区

玄关柜体下方悬空，多出的空间刚好可以当作换鞋区，对于小空间的玄关来说，有可以直接把鞋子踢进去的空间很重要，玄关就不会凌乱。而白色系统柜内由活动层板、抽屉、吊杆组成，内部空间可完整收纳40双鞋、10把长伞。

Ⓑ 空间

客厅以橡木色打底，用家具塑造风格！

客厅主墙以灰绿色硅藻泥为底色，再以价格平实的浅木色夹板拼接出电视墙，勾缝效果让墙看起来十分立体。同样的木色与无印良品橡木色电视柜、地板，以及HARTO牌茶几与沙发旁小书柜十分搭配。可上下移动的风琴帘则可依照视线、日照需求调整。

C

D
MOJAVE
LEEKY | N246D | 2011.05.30
UP IN THE AIR
LEEKY SHUMEI
The Nov Design

E

Ⓒ 家具

矮墙镂空设计 + 迷你吧台与延伸餐桌

一道矮墙隔出玄关，墙面上开洞，刚好成为一进门顺手放置信件和钥匙的平台，上方也能随手放置物品，相当于小置物台。矮墙的高度110厘米，刚好是人挺直坐着的视线高度，穿过矮墙就能看见玄关，低头又有隐蔽性。175厘米 × 200厘米大小的餐厅区域，餐桌挑选无印良品小型可伸缩的样式，多人来访或需求增加时都可随空间延展。另外，利用后方窗台增设结合收纳抽屉的迷你吧台，让餐厅也同时具备咖啡馆的功能。

Ⓓ 柜子

书房梁下微改装，满足大型物品收纳需求

灵活运用采光良好的特质，将本区作为书房和收纳家用物品的综合区域。结合本区管道间将无印良品 5 × 5的格状橡木书柜放置于此，并利用上方横梁顺势做出一整面书墙，侧边以系统柜打造一个较大的储物空间，再利用可涂鸦的铝框雾面玻璃做移门。

Ⓔ 柜子

无印良品层架衣柜 + 雾面玻璃铝框移门

将主卧柜子以铝框雾面玻璃的设计达到透光不透明的效果，为近13平方米的卧房打造一面260厘米 × 160厘米的弹性衣柜，内部则是由设计师依收纳衣物类型搭配的无印良品不锈钢层架，满足吊挂、放置衣物以及小化妆台的需求，衣柜上方也做了可放置换季棉被的白色收纳木柜。

无印良品盐系小家

厨房是灵魂！长形小家的聪明格局

洄游动线＋以柜为墙
一体两面的隔间宽敞术

将厨房从原玄关处移至窗边，家的生活主题立现。

住宅类型 大楼，旧屋翻新
居住成员 一对情侣
室内面积 50平方米
室内高度 3.03米
格　　局 客厅、餐厅、厨房、主卧、次卧、主卫、客卫
建　　材 实木木皮板、海岛型木地板、玻璃、水性漆、壁纸
家具厂商 Crosstyle北欧家具、喜的精品灯饰(Seeddesign)

文字 张艾笔、温智仪
空间设计 十一日晴空间设计

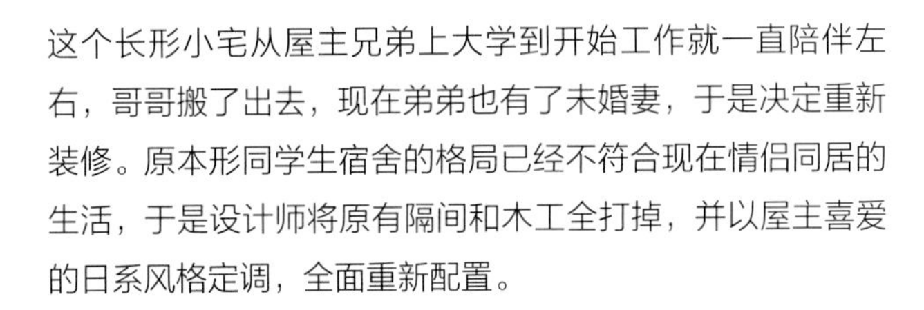

这个长形小宅从屋主兄弟上大学到开始工作就一直陪伴左右，哥哥搬了出去，现在弟弟也有了未婚妻，于是决定重新装修。原本形同学生宿舍的格局已经不符合现在情侣同居的生活，于是设计师将原有隔间和木工全打掉，并以屋主喜爱的日系风格定调，全面重新配置。

因为面积只有50平方米，隔间分寸必较，因此直接在空间中央设置两个柜子作为隔间墙，左右对半划分公私空间，一半是客厅和餐厨空间，一半是书房、卧室、更衣间。柜子则是两面用，以柜内的凹凸设计满足两边的收纳需求，为受限于面积的小宅增添了方便和趣味。由于只有单面采光良好，首先分析对屋主日常生活来说，公共空间中最重要的是用餐和下厨空间，因此将厨房移至窗前，通过L形工作台、电器柜、餐桌悬吊式上柜围出餐厨空间，顺畅的动线及舒适的光线让烹饪和用餐都如同在户外郊游般自在轻松。

身为医生的屋主需要一张够宽、够长的大书桌，用于放置两台电脑和方便阅读，因此另一半采光好的私人空间，设计师决定设置为阅读区，结合阳台角窗定制大型实用书桌，并搭配一字形悬吊层板和可移动式下柜增加收纳，让屋主有足够的学习空间。清楚的公私空间划分，卫浴也特地打造两个门以连通主卧和客厅，这样其中一位的亲友来时，另一半在卧室也不会互相打扰。

尺寸解析

凹凸设计之双面功能柜

外侧客厅电视墙除用隐藏式线槽收纳电路设备，也量身定制了长形扁平音响架，且通过置物篮整合下方15厘米的高度，灵活补足小宅的收纳力。电视墙后方是主卧长188厘米、高190厘米的收纳墙，几乎可放置近50本A4尺寸的书籍，也可收纳衣物。

平面图解析

A　L形厨房料理区。

B　放置餐桌享受日光厨房，和A、C形成餐厨区的便利三角动线。

C　直接以柜子为隔间墙，对半区隔公私空间。

D　卫浴双入口，创造出公私空间的洄游动线，并保全私人空间的隐私。

E　原为厨房区，将厨房移至A后，打掉隔间重新整合成为玄关和客厅。

F　客厅电视墙和卧室书柜的双面柜设计。

G　原为屋主学生时代和哥哥的房间，现在作为屋主的书房和主卧空间。

H　为凹凸双面柜设计，一面凹入作为床头柜，一面则为更衣室的衣柜。

改造前

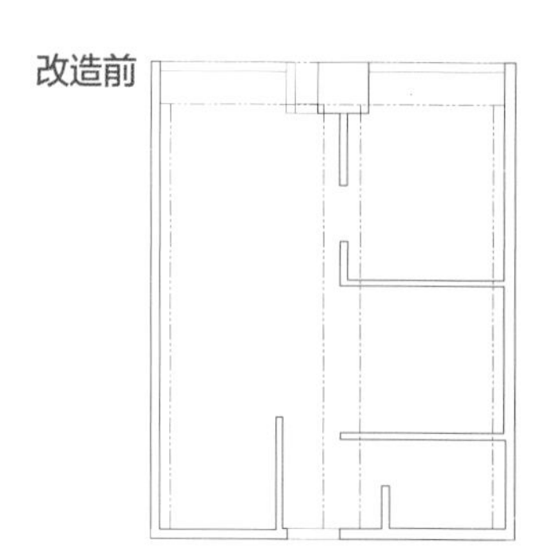

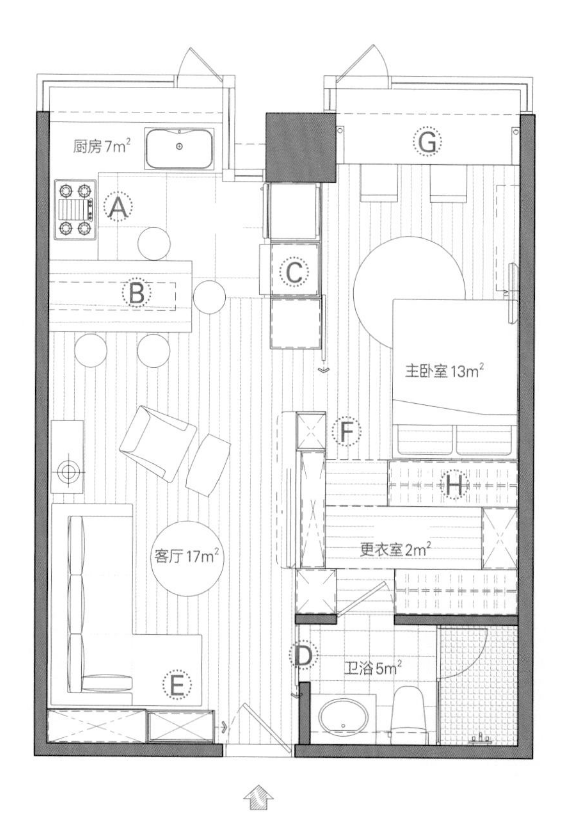

改造后

Ⓐ 空间

L形厨房工作台，角窗外推加宽台面

厨房结合外推的角窗，让料理台的宽度从60厘米增至100厘米，不仅让食材的洗净和处理可同时进行，在靠窗处也能摆放各式小盆栽。

Ⓑ 柜体

开放式吊柜，两侧皆可取物置物

通过约7平方米的区域整合厨房和餐厅的一切所需。开放式吊柜设计，让小宅拥有全面享受日光和风的通透感。面向厨房的一侧辅助作为橱柜，放置咖啡器具；面向餐桌的一侧可当作餐柜，放置调味罐。

Ⓒ 柜墙

电器收纳柜=隔间墙

沿着空间中线设置电器柜和电视柜，清楚将公私空间分为两半。整合管道间、大梁的位置设计一面200厘米 ×60厘米可容纳冰箱、洗衣机、烤箱等功能的厨房电器柜。柜体以浅色木纹材料包覆，并通过层板、活板的设计让半开放式柜子可被灵活运用。为让空间浪费降到最低，柜子本身也是主卧书房的隔间和移门收纳的地方。

D 门

双入口卫浴，形成洄游动线

卫浴空间位于客厅与卧室之间的角落。考虑到屋主的隐私，除了主卧可通到卫浴，在电视墙最右侧也设置了一个可通卫浴的入口。亲友来访可直接由客厅进入，不必经过主卧，而不想被打扰的另一半也不必再绕道客厅。

E 柜子

侧拉鞋柜＋杂物柜，玄关一柜搞定

大门边的高205厘米、深40厘米的综合侧边收纳柜整合了玄关和客厅的收纳，包括带平开门的高柜、上掀式下柜、挖空柜体的置物台面，以及长80厘米、宽40厘米、高165厘米的可收纳将近25双鞋的侧拉式鞋柜，各部分的开门方式不同，大幅增加使用顺手度。

Ⓕ 柜墙

卧室书柜=客厅电视柜

书柜右半边是开放式层架，左半边则是用门隐藏起来的书墙。部分深度挪给了电视墙，用来做电视后的收线槽。书墙里的格子下浅上深，各为28厘米和32厘米，可分别放置不同开本的书籍。接近地面的长形空间则全让给客厅，内凹够深的空间可利用收纳篮轻松将客厅杂物隐藏起来。

Ⓖ 家具

结合角窗定制的宽敞工作桌

将约13平方米的空间作为多功能书房区与睡眠区。结合角窗30厘米的深度，定制一张大小220厘米×70厘米的书桌，可同时摆放两台电脑、多本书籍，并在侧边设计收线槽。此外，桌旁的上方也设置一字形层板供屋主摆放收藏品，下方则以矮书柜来收纳常用书籍和其他设备。

Ⓗ 柜子

凹入式床头柜=更衣室衣柜

这是另一个双面柜设计，整合了床头柜和衣柜，节省区域隔间的面积，通过两用柜整合睡眠区和更衣室。一面设置为放置闹钟、手机的床头凹入式平台；另一面则是由深浅不一的抽屉、层板、拉篮、吊杆组合而成的开放式衣柜。更衣室位于床头后方，由两道衣柜区隔而成。

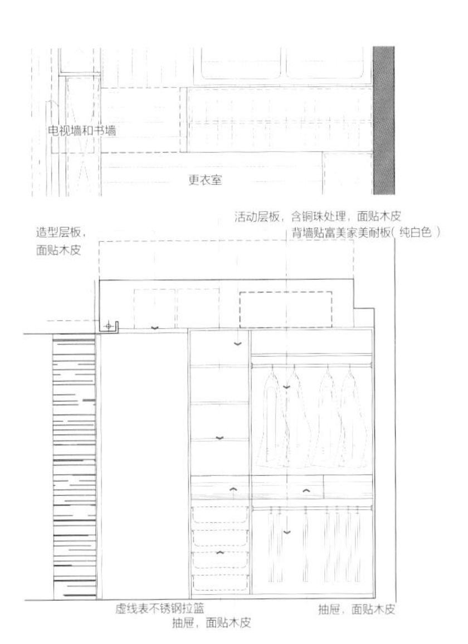

无印良品盐系小家

藏与露的法则！53平方米也像80平方米

复合柜＋侧掀床＋多功能家具 一个角落多种功能

通过精打细算的功能配置，50多平方米的小空间也能有宽敞的客厅与大餐桌。

住宅类型	高层带电梯新房
居住成员	夫妻 + 1 小孩
室内面积	53 平方米
室内高度	2.85 米
格　　局	玄关、客厅、餐厅、厨房、主卧、儿童房、卫浴
建　　材	德国超耐磨地板、系统板材、大理石、实木贴皮、定制铁件
家具厂商	守承家饰

文字 魏雅娟
空间设计 宅即变 空间微整型

扣除公摊面积后，室内是只有53平方米的两房两厅的格局，是现在常见的小户型，没有玄关收纳鞋子，不知如何摆下餐桌，以及空间局促、没地方规划收纳，都是最难克服的困境。设计师巧妙运用各种复合收纳柜，不仅“无中生有”创造出玄关与餐厅，还可当隔间串联客、厨空间；超强收纳满足一家三口的生活功能，还让视觉穿透，小空间变大了！ 53平方米仿佛有80平方米，玄关、客厅、餐厅、厨房、卫浴、主卧与儿童房，一应俱全。好收、好用，感觉宽敞好舒适。

住小空间，收纳很重要，更要注重收纳藏与露的比例。以电视柜结合橱柜的双面柜取代实墙做隔间，满足客厅与厨房收纳需求的同时，因为上面镂空的展示架，视觉穿透了，空间也随之变得宽敞。一柜多用、多层次的鞋柜结合餐柜，设置门与抽屉的不同开关形式，方便收纳、藏住杂乱。

在这里，家具也能一物多用！从客厅的脚凳到主卧窗边的矮柜坐榻、上掀床，都是家具，也都是收纳工具；儿童房可收起来的侧掀床，让空间使用极具弹性。设计师充分利用复合收纳柜的强大收纳功能，恰当拿捏收纳的藏与露，以小博大，打造一家三口实用、舒服的幸福宅。

尺寸解析

多功能家具

充分活用每一平方米，所以就连家具也要帮忙收纳。主卧挑选上掀床，内部有180厘米×143厘米×22厘米的收纳空间，用来放厚重的棉被、毛毯、衣物。沙发区量身定做一长75厘米、宽75厘米、高40厘米的脚凳，掀开来即可收放杂志与杂物。

平面图解析

A　客厅脚凳藏有收纳功能。

B　原为一道实墙，打掉后用电视柜结合橱柜的双面柜当隔间，区隔和串联客厅与厨房。

C　卫浴门正对餐厅，将门设计成暗门，与墙面融为一体。

E+F　规划一鞋柜与餐柜共用，于D摆放餐桌，同时创造出玄关与餐厅。

G　沿窗边做一抽屉式矮柜坐榻，旁边延伸处配置泡茶区。

H　衣柜善用五金配件，主卧依男女需求而有不同细节，儿童房衣柜可随孩子成长需求调整高度。

I　用可收起的侧掀床，收起时可当小孩游戏区，床旁边规划置物层架。

改造前

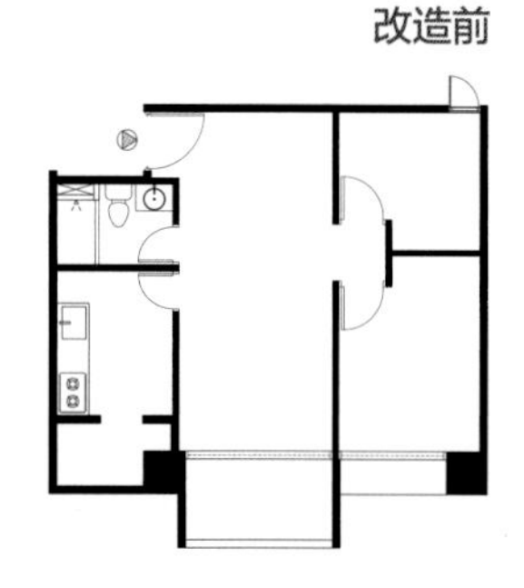

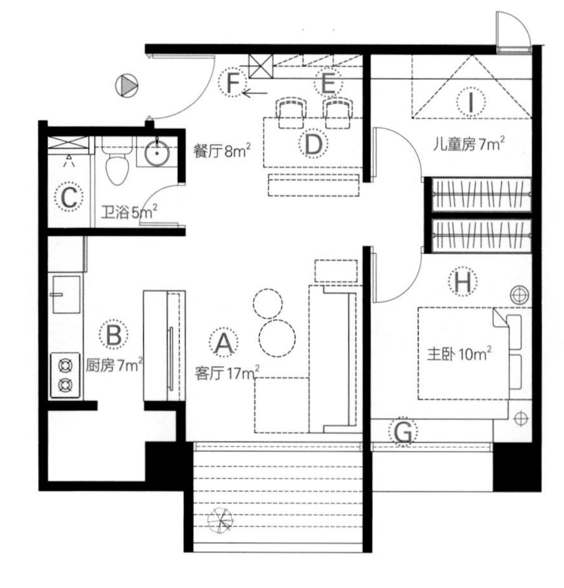

A+B 隔间

客厅厨房分界，

电视柜 + 橱柜 + 镂空展示架

由于客厅面宽只有3米，摆放沙发与电视之后空间会显得十分拥挤。因此打掉客厅与厨房间的实墙，为空间多争取120厘米的宽度，并将结合电视内凹柜和橱柜的双面柜当隔间，搭配上方镂空展示架，整个公共区域在视觉上得以穿透延伸、放大，还为客、厨空间创造了强大收纳功能。

Ⓒ 门

与墙面融为一体的卫浴暗门

由于卫浴门正对餐厅，因此将卫浴门设计成暗门，并用实木贴皮让其与墙面融为一体，不仅巧妙化解屋主不喜卫浴门正对餐厅的问题，视觉上也更和谐，推开暗门就是清爽的干湿分离卫浴空间。

Ⓓ 家具

大餐桌 = 工作桌 + 书桌

考虑到屋主在家用餐，也会把工作带回家的情况，用一张尺寸为80厘米 × 150厘米的大餐桌搭配38厘米 × 150厘米的长凳、两张单椅满足所有需求。既是一家人吃饭、喝茶、吃点心的餐桌，也是大人工作、小孩写作业的书桌，更是情感交流的好地方。

Ⓔ 柜子

复合式立柜，整合玄关、餐厅功能

鞋柜与餐柜共用，右边餐柜设置了门与抽屉的不同形式，方便收纳餐具用品；中间空出20厘米设置镂空层板，可作展示平台；中空台面深50厘米，可摆放咖啡机、烤面包机等小家电。

Ⓕ 功能

超大容量鞋柜内藏穿鞋椅

将朝向门口宽50厘米的高柜规划为鞋柜，上半部是带门7格柜，内部层板可依需求上下调整，可摆放14双鞋以上；下半部则为一附滚轮的隐藏式拉抽6格鞋柜，拉出时可当穿鞋椅，至少可放18双鞋。上下总共可放超过32双鞋的超大容量，一家三口使用绰绰有余。

G
H

Ⓖ 家具

窗边矮柜＋坐榻＋泡茶区

沿着原有的较低的窗台设计一长210厘米、深40厘米、高45厘米的抽屉矮柜，除可收纳折叠衣物外，加上坐垫后50厘米的高度符合人体工程学，坐下去相当舒服，窗外的绿意一览无余，延伸处还能作为泡茶区，让主卧室实用与休闲功能兼具。

Ⓗ 收纳

层板、吊杆、抽屉，男女需求大不同

主卧衣柜依照男女不同需求而有不同的细节配置，右柜规划吊杆与裤架，方便吊挂衣物。中间有一薄型抽屉，可放小饰品配件；左边窄柜上方留135厘米的高度，可吊挂连衣裙与长大衣，下方抽屉柜可摆放折叠衣物，让每件衣物都有合适的位置。

Ⓘ 功能

儿童房，侧掀床＋涂鸦玻璃＋置物层架

侧掀床底部是可涂鸦玻璃，床放下时，这里是舒适的睡眠场所，床收起时，摇身一变为宽敞的游戏区。衣柜顺应小孩成长阶段，右侧窄柜设置层板，初期让孩子放玩具，日后随需求可改成活动抽屉或加吊杆；左侧衣柜上方规划层板，下方配置吊杆，方便孩子自行拿取衣物。

无印良品盐系小家

只打掉1.5道墙，住到退休都没问题

自行车＋大餐桌＋每个房间都有双人床 小住宅满足小贪心

敲除半道墙，引导光线进入室内，改善客厅采光。

住宅类型 新房
居住成员 夫妻 + 1 小孩
室内面积 65平方米
室内高度 3.4米
格　　局 玄关、客厅、餐厅、厨房、主卧、儿童房、书房、主卫、客卫、储藏室
建　　材 梧桐木皮、清水模、烤漆、黑玻璃、铁件
家具厂商 永亮企业（系统橱柜）、叁人家私

文字 刘继珩
空间设计 虫点子创意设计

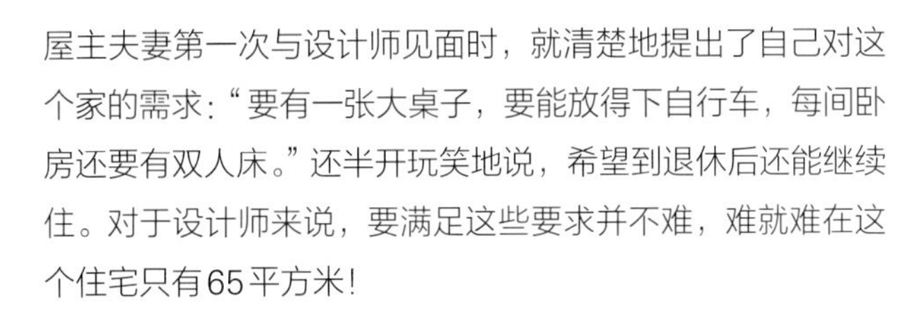

屋主夫妻第一次与设计师见面时，就清楚地提出了自己对这个家的需求："要有一张大桌子，要能放得下自行车，每间卧房还要有双人床。"还半开玩笑地说，希望到退休后还能继续住。对于设计师来说，要满足这些要求并不难，难就难在这个住宅只有65平方米！

仔细评估这间新房的原始格局后，设计师认为格局本身问题不大，但书房和厨房的墙挡住了光线，不仅影响到室内整体的明亮度，亦让空间显得狭小，因此打掉书房半道墙，把密闭式厨房改为开放式，不动格局就让空间瞬间开阔，结合餐桌、工作桌双功能的大桌子也能放得下，实现了屋主的第一个愿望。

在不大的空间里再摆一台体积不小的自行车，听起来像是天方夜谭，不过设计师在玄关处设置了悬挂自行车的铁件，让自行车也成为设计的一部分，完成屋主交予的任务之余，更将屋主的日常兴趣呈现出来。

由于屋主很重视居住的舒适性和使用的功能性，设计师也尽可能在设计上让两者达到平衡，除了该有的鞋柜、衣柜，再利用兼具收纳和坐卧用途的卧榻储藏量，让一家三口的物品无须随着时间增加而烦恼无处可放，看来真的能住到退休也不用担心呢！

尺寸解析

挂上自行车也宽敞的玄关

由于男屋主有骑自行车的兴趣，希望能将车收纳在家中，因此设计师把玄关规划得比一般稍大一些，运用铁件将车挂上，并预留好90厘米宽的走道，让人不用闪避自行车就能轻松走动。

平面图解析

A　将原本隔开玄关和厨房的整面墙打掉，腾出空间摆放可当作餐桌、工作桌的大桌子。

B　客厅是所有动线的汇集地。

C　通往书房的半堵墙打掉后，引入光线至室内，让视野变开阔。

D　迷你空间，作为小书房。

E+F　主卧和儿童房善用卧榻设计增加空间收纳量。

改造前

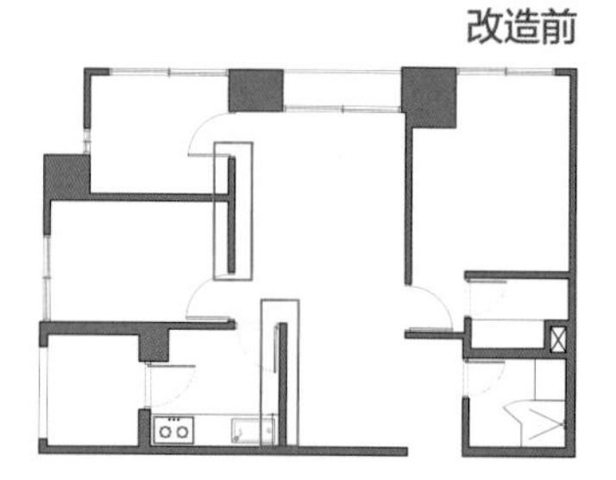

改造后

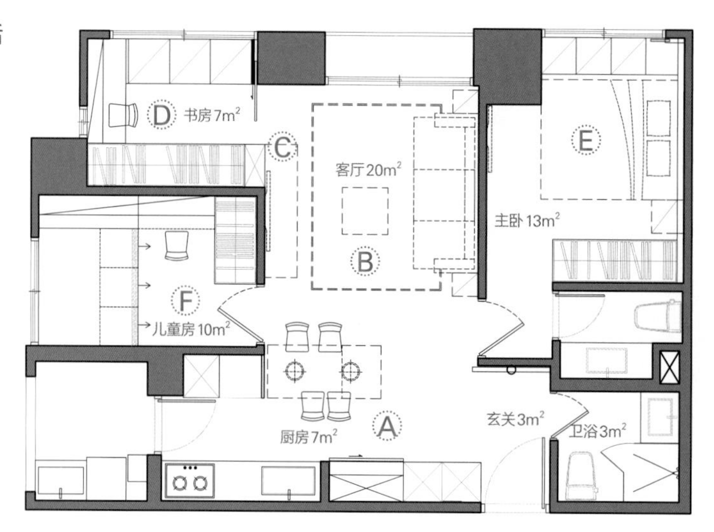

Ⓐ 家具

折板设计，长桌的60厘米使用弹性

屋主特别强调想要一张长180厘米的大桌子，于是设计师定制了一张长120厘米，外加60厘米折板的折叠桌，可随需求改变长度，同时也事先计算好，桌板打开后还有120厘米的走道空间，使用方便的同时也顾及动线顺畅。

Ⓑ 门

与墙一体的隐藏房门

让视觉无限延伸是放大小空间的秘诀之一，而门往往是截断延伸感的杀手，因此设计师将主卧和儿童房的门分别隐藏于沙发背墙与电视墙中，并选用与墙面相同的梧桐木皮及清水模材质，把门破坏延伸感的概率降至最低。此外，餐桌后方的落地收纳柜后面还藏着储藏室，白色的移门兼作柜面，与厨房家具搭配。

Ⓒ 材质

清水模墙＋透明玻璃，厚实中创造透亮感

电视墙面以清水模为主要材质，但较暗的灰色易造成视觉上的空间压缩，因此设计师在近书房的墙面嵌入一片透明玻璃，制造穿透感及放大效果，同时也作为展示收纳区。

Ⓓ 空间

迷你书房，收纳、阅读、休憩全到位

设计师在格局不变的条件下，将采光佳的房间规划为有书桌和卧榻的私密空间，同时也于侧边规划移门式收纳柜，增添小家的储物空间。

Ⓔ＋Ⓕ 收纳

卧榻区，收纳、置物、展示全兼顾

即使主卧空间不大，但屋主夫妻坚持一定要有双人床。除了基本的衣柜外，另一边靠窗区以有储物功能的卧榻设计增加收纳量，并在床头处设计可摆放小物、装饰品的层板，平时也能当作化妆桌使用。儿童房的双人床规划成有三个大抽屉的收纳型卧榻，取代一般没有储物功能的床铺。

D

10

两层
86平方米
3人

黑、白、灰小家

预算花在刀口，小酒馆的家轻松搞定

全透视空间＋清水模中岛＋简约藏酒柜
兴趣就是最佳展示

自信的屋主大胆采用零隔间设计，如何在全透视平面点出主题，是最重要的问题。

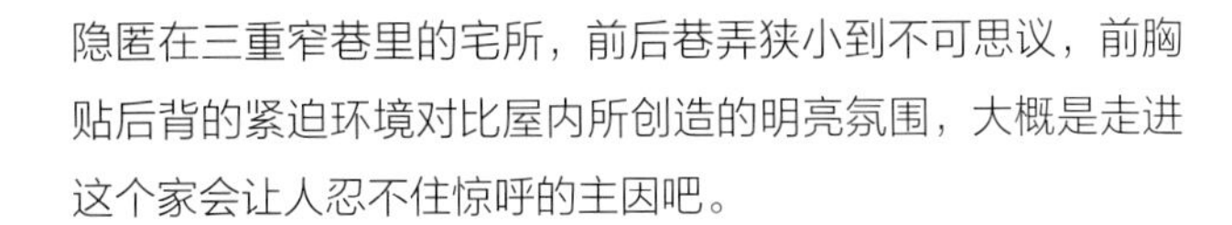
住宅类型 二手房
居住成员 一家三口
室内面积 86平方米
室内高度 2.8米
格　　局 客厅、餐厅、厨房、主卧、工作室、2卫
建　　材 夹胶玻璃、清水模、水泥粉光、实木

文字 李佳芳
空间设计 本晴设计

隐匿在三重窄巷里的宅所，前后巷弄狭小到不可思议，前胸贴后背的紧迫环境对比屋内所创造的明亮氛围，大概是走进这个家会让人忍不住惊呼的主因吧。

住宅主人是育有一名幼子的夫妻，日籍男屋主出田先生从事平面设计，对于家的想象十分明确，他从一家人的生活习惯出发，自行规划全室格局，委托本晴设计公司检查平面图，给他材质与施工的专业建议。

住宅的原始格局是这样的：从极陡峭的楼梯转进门，几乎没有站脚的玄关，就直接闯进了居住空间。唐突的动线追本溯源来自于这是透天厝[1]的二、三楼，原玄关位置本就不在此，而是在出租的一楼店面。设计师拆除老旧的木板隔间，以清水混凝土灌注成电视墙，除了定义主墙面的简约风格之外，更稳固扎实地隔离了一楼，让内外更加分明。

两层楼中，下层作为共享活动区，上层则作为起居间，但两者平面皆以“零隔间”为思考主轴，仅有部分使用夹胶玻璃区隔，使空间展现出透视的效果。嗜好品酒的出田先生十分重视餐厨空间，他选择将重要性居次的客厅放在过道位置，妥善运用动线空间，而主要施工预算则花费在吧台上，风格强烈的清水模跃然成为主角，在层架酒柜的衬托之下，在家也能享受酒馆里小酌的惬意轻松。

① 在台湾，透天厝指由一户人家居住的独立或联排住宅，多有2～4层楼，占地面积比别墅小。——编者注

尺寸解析

可收纳60瓶酒的极简酒架

以长150厘米、深30厘米的层板结合五金，设计出这款简约酒架，恰到好处的深度可方便取放，前后交错放置的话，每层可放置两排酒（约20瓶），若全部放满，至少可容纳60瓶酒。

平面图解析

二楼

A 上下楼梯的动线，把客厅设计在此，让动线有双重功能。

B+C 玄关位置不变，但厕所隔间改用夹胶玻璃，提升整体清透感。

D+E 拆除旧有的木板隔间，以吧台区隔，设计开放式餐厨空间。

三楼

F 拆除旧有隔间，将工作室与卧室打通，改用书柜区隔。

G 用夹胶玻璃区隔，设计干湿分离的卫浴。

改造前

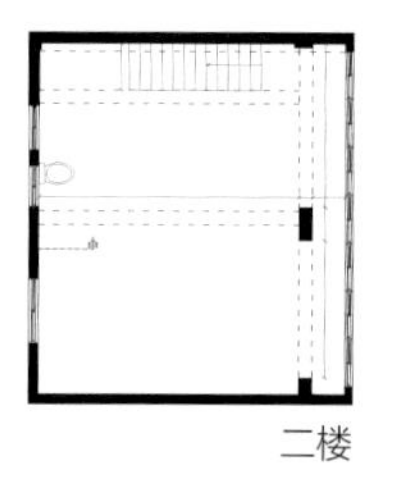

二楼

三楼

改造后

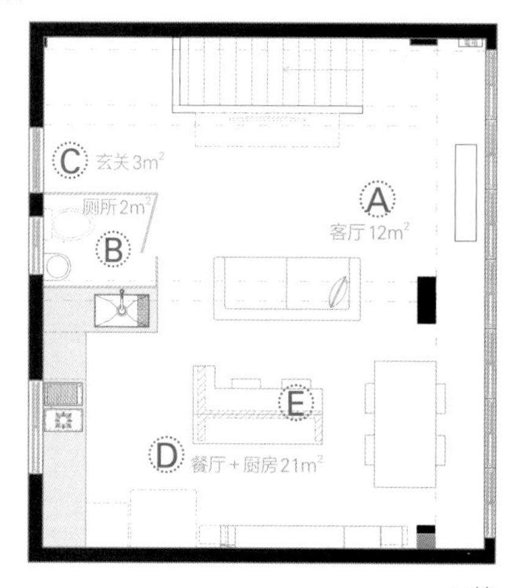

二楼

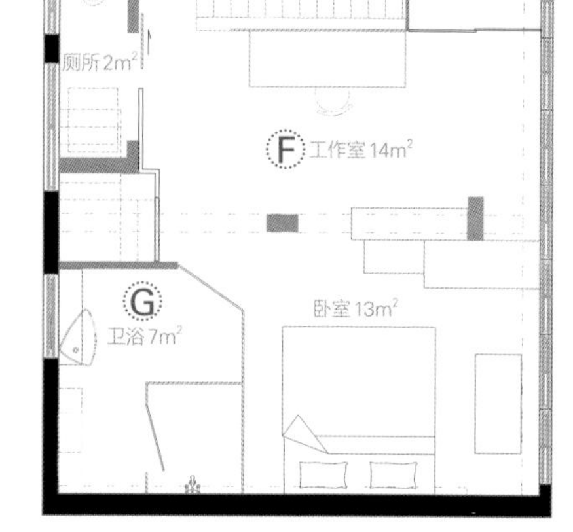

三楼

Ⓐ 墙面

植筋加固清水模电视主墙

原本二楼楼梯间使用木板区隔，为了让家的独立性与安全性提升，设计了用植筋加固的厚度10厘米的清水模墙，提供空间厚实的倚靠。隔间墙内预埋电线与插座等，电视可简单壁挂不留线头。

Ⓑ+Ⓒ 材质

夹胶玻璃＋黑板墙贴，压缩隔间厚度兼保隐私

玄关距离楼梯的宽度仅有180厘米，出田先生希望除了有足够回身空间，也能收纳自行车，因此采用厚度仅有1厘米的夹胶玻璃作为厕所隔间，比起轻隔间，左右墙面共可省下7 ～ 9厘米。面对玄关的墙体覆上黑板贴纸，一来可作为家人留言记事的分享墙，二来则可增加隐私性。

D 空间

以味觉为主题的整合区

屋主希望有功能完整的厨房，包含烹调区、用餐区和用以经营兴趣的吧台。在整个餐厨空间，以出田先生热爱品酒为重点，用清水模吧台搭配设计简约的层板式酒架，走进空间就仿佛进入私人酒吧，立即放松下来。吧台与料理台之间的过道保持100厘米以上的宽度，保证动线流畅与取物的便利性。

Ⓔ 中岛

“冂”形清水模中岛底座，收纳量大

宽105厘米/75厘米、长180厘米的L形中岛，利用吧台右侧伸出的部分来界定厨房区域。由于出田先生嗜好品酒与咖啡，清水模中岛的台面采用高低设计，以隐藏体积庞大的咖啡机。中岛的“冂”形底座加入木制层板，高度吻合市售储物箱尺寸，可用来分类收纳。

Ⓕ 空间

家具与玻璃的穿透隔间

上层起居室以打造弹性隔间为出发点，为了节省预算，出田夫妇妥善利用原有家具作为隔间，而灯具也采用可移动的轨道灯，日后空间可顺应小孩成长需求进行变更。这里的楼梯间则采用强化玻璃作为区隔，玻璃的上半部保持清透，引入自然采光，下半部则贴上胶膜，以保证起居室的隐私。

Ⓖ 材质

桧木地板、夹胶透明玻璃，增添日式风情

受限于空间面积，卫浴不适合再安装浴缸，但基于日式生活的泡澡习惯，出田先生希望卫浴可有桧木地板，增添日式风情。壁挂式的面盆、瓶罐柜加上用透明玻璃做干湿分离，尽可能减少元素，维持简约清爽的空间感。

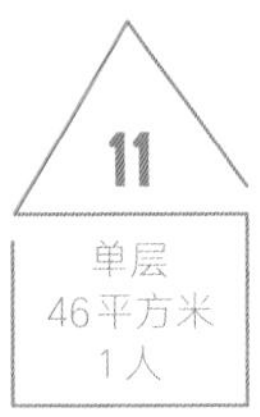

黑、白、灰小家

第二个家，为生活释放大片留白

连续收纳柜墙＋隐藏掀床＋玻璃隔间

卧室轻松变身会客厅

在简约时髦的外衣下，这间小宅却拥有百变性格，开阖掀取之间，私人俱乐部瞬间变身舒适小套房。

住宅类型　二手房
居住成员　1人
室内面积　46平方米
室内高度　2.6米
格　　局　一室两卫、厨房
建　　材　磐多魔（pandomo）、木作、南方松、夹胶玻璃

文字　李佳芳
空间设计　本晴设计

观察这间住宅的原始平面，在小小的46平方米空间内却规划了两间卫浴，泡澡间更是处境尴尬，位置在平面另一端，且夹在室内与阳台之间，整体规划令人费解。不过，要是点明此屋位于台北一度时兴的“饭店温泉宅”大楼内，就不难理解原格局的设计逻辑，以及屋主购入此宅的主要动机。

以“第二宅”作为主要诉求，设计上要满足个人休闲放松的需求，卧室、泡澡间、大面窗景都是不可更改的必要条件；其次，屋主期待设计师赋予其更多交际功能，要有简单的烹调设备与宽敞的待客区域。“改造这个小住宅，最主要的任务是让一个空间可以两用，但更重要的是将私人空间完整保护起来，以维护个人隐私。”设计师连浩延说。

在柔软的波浪天花板下，自玄关延伸到厨房的墙柜只有薄薄41厘米的厚度，但一口气满足了所有生活基本需求。除了有客用衣帽柜、储藏柜与主人衣橱，甚至还藏了一张升降双人床！阳台落地窗经过改造后，开窗面积被放到最大。在最低限度的隔间条件下，设计师首先将厨房挪至角落，以让出完整会客区域，接着将玄关卫浴面积缩到最小，将淋浴功能并入阳台泡澡间，淋浴净身后即可直接泡汤，不必再围着浴巾奔跑穿越，使用更合理。

通过光的流泻显影，那空间近似清水模的灰色调中却有着平滑细致的表面，设计师表示整体精致感来自于地面到柜门皆覆盖以磐多魔，像是珠宝盒的绒面内里，衬托出小巧空间的光辉感。

尺寸解析

垂直吊杆衣柜vs掀床

连续柜体的设计以掀床收纳为准则，柜体深度为41厘米，扣除掀床占据宽度164厘米，其余分割为3个衣橱。不过，作为衣橱，深度稍嫌不足，为了满足女屋主吊挂收纳衣物的需求，将吊杆垂直安装，单个衣橱可吊挂20件衣服。

柜体立面图

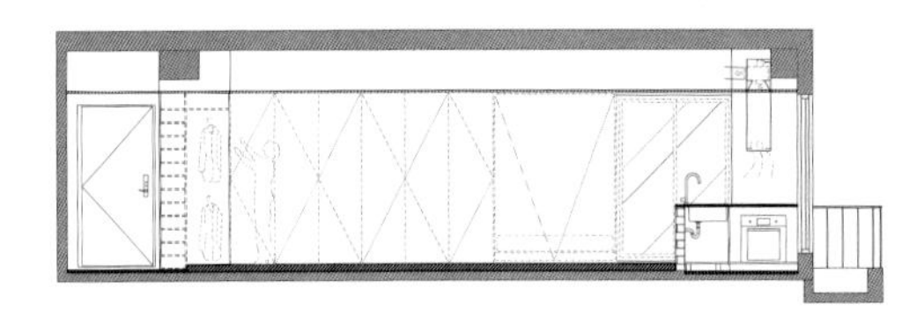

平面图解析

A 原本一字形厨房取消，改为连续墙柜与掀床。
B+C 将玄关卫浴的淋浴功能删除，让出宽裕的玄关。
D 原本摆放有床，现在则作为厨房空间。
E 原有淋浴功能并入泡澡间，考虑防水问题，建筑商设计的泡澡区不予变动。
F+G 阳台窗改造为可以全开。

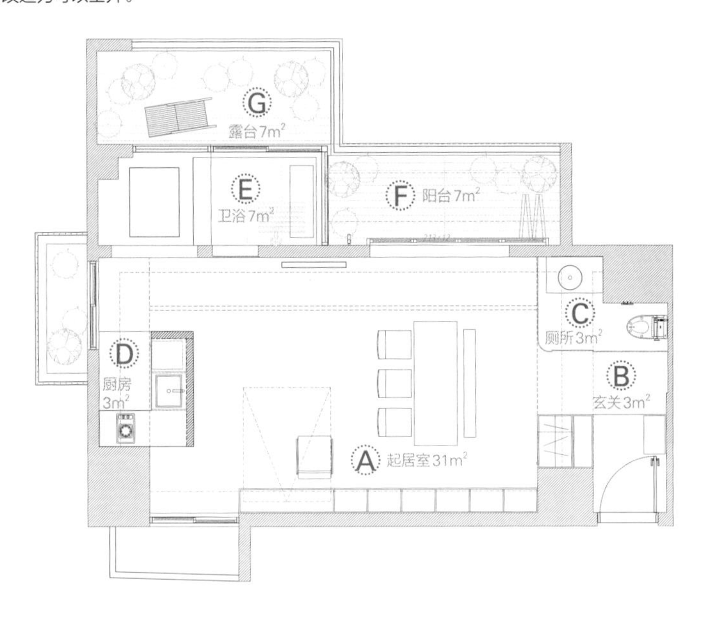

Ⓐ 材质

磐多魔涂料，模拟清水模颜色

女屋主喜欢清水模所创造的光影色调，却担心混凝土的气孔与肌理过于明显，因而地面与柜门改用灰色磐多魔涂料，赋予灰调层次感与细致感。

Ⓑ 空间

缩减厕所面积，让出玄关

将淋浴设备移至泡澡间，让出足够的玄关空间。区隔玄关的高柜设计为两面使用，面向玄关为深度35厘米的鞋柜，面向客厅为深度65厘米的衣帽柜。

Ⓒ 墙面

渗透导光的玻璃材质

原卫浴隔间改为夹胶玻璃，施工时先将金属框埋入地面，再镶上玻璃，最后以硅胶收边完成防水功能。此外，转角处采用弧形玻璃，柔软造型呼应天花板，同时将自然光引入玄关。

D

E

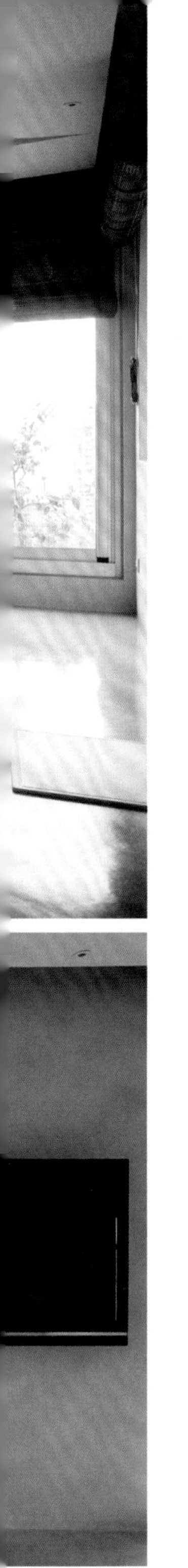

Ⓓ 空间

波浪天花板＋砖砌粉光料理台

空间里有巨大的横梁（在厨房的上方），想用天花板进行修饰，又想避免平封天花的呆板，因此以角料钉出曲线，利用夹板可弯曲的特性，打造出起伏的波浪形天花板。厨房设置在空间角落，以释放出完整的客厅空间，使用砖造料理台，再于表面做水泥粉光呈现厚实感，对比人造石台面的薄度，风格更现代。

Ⓔ 设备

淋浴＋泡澡，符合使用逻辑

原本在玄关卫浴的淋浴功能被移至泡澡区，沐浴用设备被整合在此，更契合使用逻辑。使用玻璃门与芦苇窗帘作为隐私区隔，平时皆可敞开，保持良好的室内采光。

Ⓕ 空间

阳台，利用外框扩大开口

为了扩大阳台的开窗面积，使其达到可以全开的通透效果，拆除建筑商原有的铝门窗，在阳台外重做外框，让门可以收纳在外墙的后方，从室内看出去的视线不再被门阻挡，再用南方松栈板架高地面，碍眼的铝门框消失，只留下纯粹的风景。

黑、白、灰小家

家的居心地，花砖厨房＋妈妈的工作室

玻璃移门、一柜多用、客房整合
弹性拥有三室两厅

渐层式斜贴菱形花砖搭配玻璃铁件，将好采光一路延伸。

住宅类型　新房
居住成员　新婚夫妻和母亲
室内面积　65平方米
室内高度　2.87米
格　　局　客厅、餐厅、厨房、主卧、次卧、主卫、客卫
建　　材　进口瓷砖、铁件、玻璃、木皮
家具厂商　Luxury Life(Flos灯具)、集品文创

文字 张艾笔
空间设计 Z轴空间设计

只要抓准屋主日常的核心活动区，一间65平方米的小住宅也能弹性拥有三室两厅的格局，满足聚会、工作、休憩、客房、两套卫浴等需求，让居家生活品质大跃进。住宅的原始格局是独立三室，设计师打开其中一间，作为弹性餐厅、工作室兼客房。风和日光的引进，让在家工作的妈妈、偶尔过夜的哥哥和做客的亲友都能不拘束地穿梭在客厅、餐厅聚会。

设计师以立体视角构思收纳空间，将贯穿客厅与廊道的梁柱包入柜体，成为上浅下深的黑白系多功能收纳空间，为小而美的家创造绰绰有余的收纳之地。不随意切割、分段是小户型室内设计的基本原则，定制和天花板齐高的窗帘，在视觉上感觉有一大面窗，并且隐藏窗框的分段，这样的方式会比从窗框开始做窗帘来得利落。地面则用木地板和瓷砖来区分场所，以黑、白、灰三色菱形花砖搭配玻璃铁件，以颜色渐变或跳跃的方式拼接，将好采光延伸至室内，从视觉上扩大小住宅的空间，创造丰富的层次感。

当生活动线、格局收纳都规划完成之后，接下来就是以居住人为本的家具设计了。设计师建议如果预算不足，可以把空间做得简单一点，预算主要分给活动家具，点缀式使用，但必须注意选择实用、未来都还能弹性使用的。如果选择折叠家具，还要把五金折损率考虑进去。

尺寸解析

顶天立地的渐层收纳柜

客厅与厨房交界处，以287厘米×205厘米的柜子包覆深57.5厘米的梁柱，柜子下方留出足够高度和深度放置家中行李箱、吸尘器等大物件；柜子内部也设计为活动层板，让屋主可依照生活形态调整。

平面图解析

A　包覆建筑物梁柱，打造玄关鞋柜、电视柜和放置屋主收藏品的收纳柜。

B　结合屋内的结构梁，打造深浅不一、多功能的居家收纳空间。

C　结合卧榻、悬吊柜、工作聚会的多功能娱乐空间。

D　三室变两室，减少隔间，用玻璃增加空间的通透感。

E　以中岛的设计整合电器柜、餐厅、工作桌等多种功能。

F　加长原有沙发背墙，并摆放斗柜，让家的公私空间分明完备。

G+H　原本双卫浴格局不变，客卫外转角区做独立洗手台。

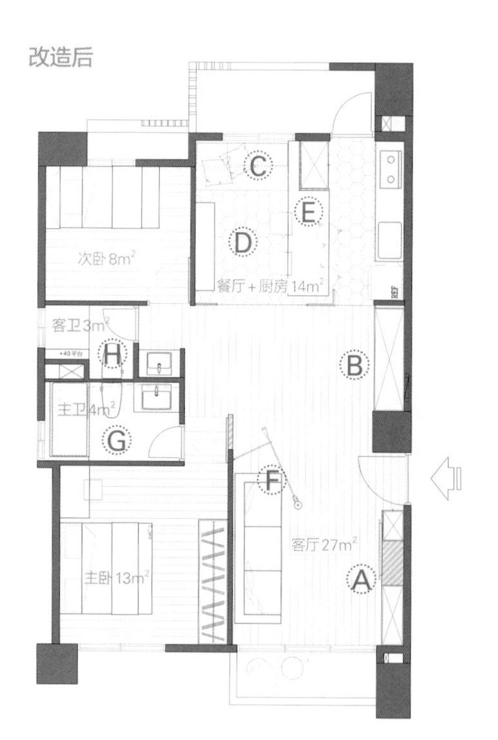

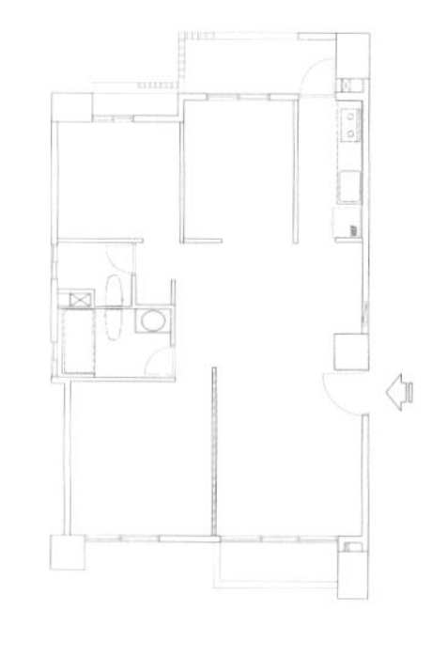

Ⓐ 柜子

电视柜 + 鞋柜 + CD 柜

黑白电视墙以包梁手法融合深57.5厘米的梁柱，满足玄关、设备和其他物品的收纳需求，柜体总长229厘米，上段为隐藏式贮存空间，下段为开放式CD柜和侧边45厘米 × 35厘米的侧拉鞋柜，中段为放置钥匙、信件的凹槽平台。

Ⓑ 柜子

渐层柜体 + 居家留白及弹性空间

以顶天立地的方式隐藏横贯空间的大梁，白色柜门里有上下深度分别为32厘米、62厘米的分层和活动层板，可视收纳物品大小分层放入这个大型收纳空间。此外，柜子前方宽约280厘米的方正开放空间，在亲友聚会时可弹性运用。

Ⓒ 空间

三合一，餐厅是工作书房也是客房

由于客房使用率不高，不需要独立的三个房间，因此打掉其中一间的隔间墙作为餐厅，并改以玻璃移门区隔，日后需要时可加装窗帘。另外在窗前设置210厘米长的卧榻，增加一处舒适的阅读角落，亲友来时则可当坐榻，偶尔当作哥哥回家时的客房。

Ⓓ 材质

西班牙菱形花砖，跃升独特风格

厨房黑、白、灰三色的菱形花砖搭配玻璃铁件，以渐层式的斜贴、跳贴交错覆盖地面，仿佛日光从里到外一路延伸，从视觉上扩大小面积的空间。开放式的餐厅与厨房相通，大餐桌也可以当作工作桌，充分利用餐厨空间闲置的时间。

Ⓔ 空间

扭转一字形厨房，成为中岛餐厨

原本的一字形狭长厨房在隔间拆除后，与餐厅整合成中岛式开放厨房，入口则以转角玻璃铁件设计出穿透隔屏。原本墙的位置改为电器柜与可延伸长桌，增加的电器柜可辅助收纳大型电器，开放式的动线设计，转身就能上菜到中岛餐桌，不必再绕出厨房。

Ⓕ 墙面

增长背墙，修饰视线与空间比例

拉长沙发背墙，利用加长的墙面遮住一进大门会直视厕所入口的视线，并让背墙后的卧室拥有完整的开门回旋空间，维持卧室完整方正的独立性。放上一张大沙发，并在沙发旁摆放斗柜，让整体空间比例更好。

G+H 材质

主卫木纹地砖＋转角客卫六角壁砖

延续厨房的花砖风情，主卧卫浴以刷白木纹地砖搭配马赛克壁砖；而独立在客卫外的洗手台墙壁则以白色六角砖铺陈，转角一路延伸至客卫内部墙壁，让小空间拥有简洁墙面，地面则使用了西班牙进口花砖。

黑、白、灰小家

打开门 就是53平方米派对空间

满足品酒、喝咖啡、练舞的活动需求 欢迎20人来做客的小住宅设计

铁件结合玻璃的移门，加上镜面，成为放大空间的亮点设计。

住宅类型　老房
居住成员　2人
室内面积　65平方米
室内高度　主卧、儿童房、书房，2.8米；客厅、餐厅、厨房，2.4米
格　　局　2室1厅1卫
建　　材　铁件、玻璃、镜面、黑板漆、实木贴皮、水泥粉光墙面与地面、超耐磨木地板、复古花砖
家具厂商　品东西、筑轩家具

文字　邱建文
空间设计　纬杰设计

这个65平方米的长形住宅，前身是分租出去的四间小套房加上一条细长的走道，格局重新调整后，成为零走道的居家空间，老房焕然一新。

喜爱红酒，同时也是咖啡迷的屋主，经常邀请品酒会二十多位朋友前来做客，当初在规划讨论时，就希望居家空间能呈现雅致的生活品味，朋友群聚又不觉拥挤。在这65平方米的小住宅里，原本多梁多柱的情况被设计师反化为优势，利用柱与柱的间隔，将重要的家具和柜子靠墙收整，完全不着痕迹。也因此，让原本琐碎沉闷的空间不只拥有开阔的客、餐厅，同时也让功能性空间与过道结合，分区明确但丝毫无切割零碎之感。

此外，设计师不因是小住宅而缩减空间、家具设备的尺寸，而是尽可能通过设计释放出足够的活动面积，大餐桌、大沙发、大柜子，让生活一点都不委屈。

除了满足屋主与朋友们的欢聚需求，还得顺应热爱肚皮舞的女主人和未来要出生的小孩，再纳入练舞室和儿童房的多元功能，弹性空间于是成为一大重点；至于长形小住宅常见的单面采光的缺陷，如何引进自然光并让其穿透延伸到室内深处……则在设计师将人、空间、光线做优先顺序的交叉分析之后得到解决，格局配置也就随之清楚了。

尺寸解析

零走道设计

窄长的住宅里，将可兼作客房和儿童房的房间与书房一起规划进来。一区为宽300厘米的客房/儿童房，另一区则通往主卧，运用梁与柱的内凹空间，将长220厘米的书桌嵌入其中，结合上层收纳柜，形成半开放式的书房，并预留宽敞的130厘米走道，椅子拉开使用时，后方亦可供一人进出主卧，充分利用空间。

平面图解析

A 主卧，是全屋唯一固定的私人空间。

B 把门打开，可扩大公共空间。关上两侧移门，又是阅读或练舞的私密空间，亦可作为客房或儿童房。

C 通往主卧的长形空间，创造一个独立书房。

D 客、餐厅空间，以中岛为空间的中心，分隔玄关与厨房。

E 所有柜子、家具靠墙设置，让小空间成为零走道住宅。

F 餐桌为小住宅的中轴，与卫浴共同分隔出玄关、厨房料理区。

G 以精品卫浴打造淋浴和泡澡的双重享受。

主卧 13m²
儿童房 8m²
书房 5m²
客、餐厅 26m²
卫浴 5m²

Ⓐ 柜墙

半墙式隔间，
大量引进自然光

为了引进全室唯一的窗光，借鉴女儿墙通常120厘米的高度，规划出主卧与儿童房的分隔矮柜墙。矮柜内装挂杆，日后可让孩子自己挂衣。主卧床头设有300厘米宽的上下两层的收纳柜墙，下层为上掀式收纳空间，上层为对开门，内装三层层板叠放衣物。

B

D

C

Ⓑ+Ⓒ 门

铁件＋镜面＋黑板漆移门，切换空间功能

黑色铁件结合玻璃所打造的移门高240厘米、长300厘米（单门长100厘米），上下滑轨让门的支点更加稳固。客房/儿童房里，将活动移门与镜面结合，就是热爱肚皮舞的女主人最佳练舞空间。活动门的另一面则采用黑板漆，可作为小朋友的涂鸦墙，而人多时，打开两边转角移门，就能和客、餐、厨合并形成53平方米大的公共空间。

Ⓓ 材质

木材质＋水泥粉光，地与壁的纯粹质地

重新规划的居家空间以灰色调为主，水泥粉光的墙面与木材质的柜子、地板，两种元素相互交替。客、餐厅和玄关、厨房的地面为水泥材质，卧室、书房则为木地板，清楚区分公私空间，也替空间简单定调。

Ⓔ 柜体

电视柜＋橱柜，梁柱整合一字形柜

一字形的烤漆厨房家具直接延伸到客厅，深60厘米，与电视柜和谐共存，不会有分割的零碎感。橱柜也巧妙设计嵌入红酒柜和大型冰箱，并于足够的餐具收纳空间之外，在靠近电视墙的柜体设计了置放烤箱或微波炉的双层电器柜，以上掀式门板的拉抽设计，增加使用空间与方便性。

Ⓕ 家具

弹性折叠桌+中岛，长近300厘米的品味主题区

夫妻喜欢喝红酒，常邀品酒会二十多人共聚，故而设置210厘米长的餐桌，并可拉开增长至280厘米，使餐桌延伸到沙发区前侧，形成交错的空间，让朋友坐落两区都能轻松交谈。此外，屋主上过专业的咖啡课程，也特别于餐桌靠墙处设置主题式的中岛柜，专放冲煮咖啡的器具，便于来往水槽擦洗冲泡，又能与朋友边煮咖啡边聊天，享受惬意的生活。

G 空间

花砖＋灰砖，沐浴盥洗明确区隔

卫浴设计移门，不会有平开门回旋空间的浪费，黑色木皮门上可张贴缤纷生活照，是展示与友人温馨互动的小角落。内部用花砖与灰砖切割泡澡区与盥洗区，造型典雅的单体浴缸装设莲蓬头，可随时方便冲刷浴缸；入口右侧才是淋浴区，以转角拉帘区隔，平常不用时把帘幕收进墙边，视觉上更宽敞，如厕也回身自如。

黑、白、灰小家

享受吧，一个人！让书蔓延的独享宅

主题卧室＋把阳台搬进家，空间大一倍 不分里外的“神设计”

一室一厅的单人窝，不仅有黑白灰的冷魅力，更有体贴屋主多元需求的暖实力。

住宅类型 新房
居住成员 单身女子
室内面积 33平方米（不含前、后阳台）
室内高度 3米
格　　局 客厅、餐厅、厨房、主卧、卫浴、更衣室
建　　材 超耐磨木地板、仿水泥面壁砖、钢刷木皮染色、灰玻璃、人造石、烤漆
家具厂商 蓝天厨饰

文字 詹雅婷 Mimy
空间设计 禾睿设计（LCGA Design）

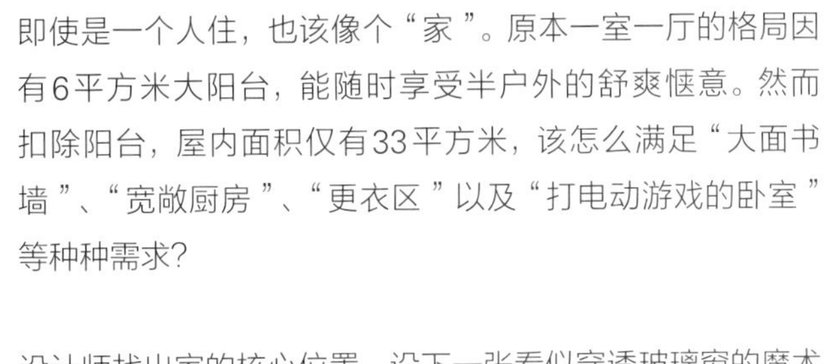

即使是一个人住，也该像个“家”。原本一室一厅的格局因有6平方米大阳台，能随时享受半户外的舒爽惬意。然而扣除阳台，屋内面积仅有33平方米，该怎么满足“大面书墙”、“宽敞厨房”、“更衣区”以及“打电动游戏的卧室”等种种需求？

设计师找出家的核心位置，设下一张看似穿透玻璃窗的魔术长桌，将阳台“拉入”核心的开放式格局，生活空间得以自由舒展，此外，特制的室内吊灯与室外台灯不仅创造视觉上的延伸性，亦娓娓道出本设计方案“轴转之间 × Y-Pivot”的名字由来。设计师强调，小住宅重点在于尺寸的掌握，定制家具与柜子能把空间的利用率提升到最高。而唯一的房间则以半高电视柜划分出就寝区与更衣区，窝在双人床上打电动游戏也不再是遥不可及的梦。

此“独享宅”不但将客、餐、厨整合起来，更将书房融入其中。自玄关转入室内后，高达300厘米的书墙一路延伸至厨房尽头，紧贴着墙面的开放式书柜在遇见厨具后，转化成如天梯般的层板，一共470厘米长的完整墙面成为书本四处散步的休闲漫道。此外，本案的色彩计划看似只有黑、白、灰三种，实际上设计师由黑至白，挑选出7个色号，运用在空间不同角落，配搭同一色系但质地不同的建材，为空间带来整体一致的视觉效果。

尺寸解析

家中最“墙”戏的文青书柜

灰黑色的书墙转换着不同的样貌，前段长207厘米，深度为37厘米，比一般可放A4大小书本的书柜再深一些，可以放屋主为数众多的国外精装书，顶端交错式层板更成为造型公仔的收藏展示台。

平面图解析

A 畸零空间被妥善运用，设置结合穿鞋凳的鞋柜。
B 以大型落地书柜为主体。
C 厨房位置不改（节约管线重迁的费用），保留部分厨具并增添料理台面，拓宽厨房范围。
D 厕所亦维持原样，换上隐形门，避免厕所直接面向餐桌的窘境。
E 放置单人沙发椅，简单成就放松的小客厅，并借由兼具书桌、餐桌的长桌将此区的多元功能串联起来。
F 为原卧室的短墙，设置与D对称的白色柜子，作为厨房的后援基地，纳入冰箱和调味料抽拉柜。
G+H 原来的卧室被切分成更衣区和卧室。

改造前

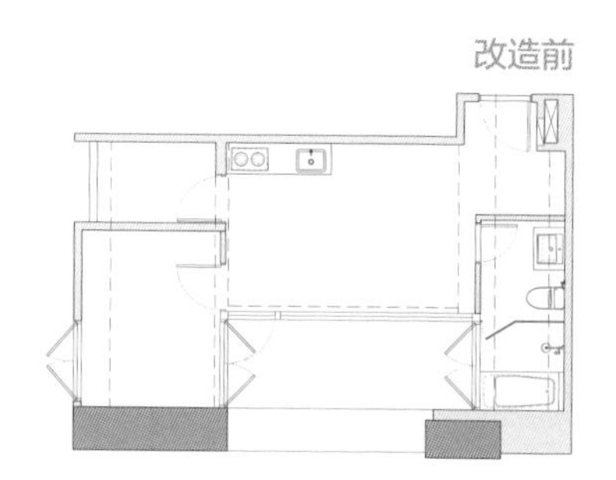

改造后

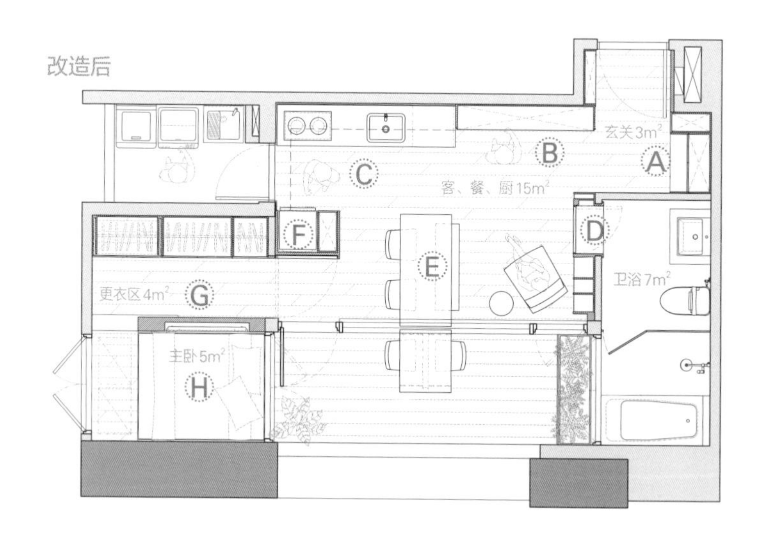

Ⓐ 柜体

坐看书本光景，尽收私家鞋履

入门处因管道间导致玄关出现深度60厘米的不规则空间，若直接设置为鞋柜，会因过深不方便收拿，因此用前段25厘米深的空间设置穿鞋凳（长约87厘米），后段35厘米深的空间设置鞋柜，内部规划活动层板，依鞋子高度调整分割高度，平光烤漆柜体延续墙面色调，融为一体，同时也美化玄关格局。

Ⓑ 柜子

连厨房都想亲近的书屋Café(咖啡馆)

为达成女屋主想要一整面书墙的愿望，运用小宅内最长的一道墙，在不动厨具位置的前提下，规划横列式开放性书架，最上层经比例调整，与旁边厨房上柜相对应。通过高低不一的铁件层架接续上下分层的隔间，再搭配可移动定制长梯，成为特色书墙。

Ⓒ 厨具

厨房微整形！打薄上柜，向书柜看齐

原来的台面长度只有2米，灶炉和水槽间的工作台面太窄，不便使用，以人造石材将台面延长63厘米，下方嵌入带白色柜门的炊饭器，电子锅具都可放在里面使用。将原本的上柜拆除，重新规划与书柜统一高度、深度(仅37厘米)的白色上柜，中段墙面改贴仿水泥面墙砖，使厨房更低调地融入书墙。

D 门

卫浴隐身术，遁入白墙书世界

为免餐桌面对厕所门的尴尬，入口改为隐形门，利用一旁短墙设置木制开放式条柜，大小不一的分格皆具备32厘米的深度，打造像柜又像墙的书香角落。

E 家具

长桌的穿越剧！室外、室内傻傻分不清

看似穿越玻璃窗的长桌，其实是两张桌子并排的视觉效果，是将阳台“借”入室内的设计魔法！阳台与室内地面原本有严重的高低差，室外用木地板架高，调整落差至20厘米。因此，内部长约160厘米、高75厘米的桌子可作为餐桌，搭配一般餐椅即可；外部90厘米长、95厘米高的桌子，可搭配吧台椅使用。

Ⓕ 收纳

预留畅通走道，变出转角收纳“树”

除了一字形橱柜，考量冰箱摆放位置与烹饪的使用动线，预留了97厘米宽的厨房走道，方便转身取物置物。设置一收纳“树”，包含冰箱及宽度30厘米、深度70厘米的抽拉柜，瓶瓶罐罐都能自由取用；就连更衣室的门在开启时，也可一同整合到后方。“树冠区”为更衣室天花板刻意降低的结果，对外秀出展示用凹槽平台，对内可藏入空调。

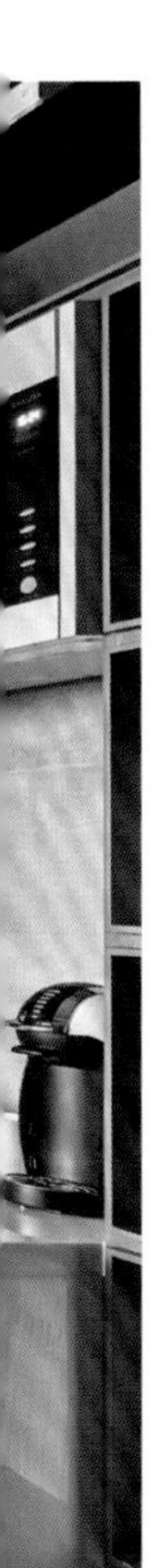

Ⓖ 空间

走过更衣区伸展台，再登电玩宝座

卧室采用二进式设计，需先经过260厘米长的更衣区，才能踏上架高走道，进入有电玩设备的卧室。外推窗上方为减轻天花梁柱的压迫感，在梁下设置一深35厘米的凹槽，喷黑作收纳展示用平台。

Ⓗ 设备

卧室＋电动游戏室＝双人床上的游戏间

把卧室刻意架高，争取到长160厘米、深40厘米的收纳空间，辅以上掀柜门方便使用，旁边则直接下陷放床垫。女屋主最大的心愿就是下班回家后，可以窝在床上玩游戏。设计师依据其偏好的电视尺寸、坐卧观赏的视线高度，定制半高墙面的电视柜，左、右侧规划为电器柜和收纳隔间，放置相关的电玩设备。

黑、白、灰小家

天顶上的大浴场！错层空间隐形收纳学

关键梯设计＋中岛厨房＋梦幻卫浴

一个家，三个主题

这间错层住宅宛如一座三层蛋糕架，每层有不同的生活况味。

住宅类型 新房
居住成员 一对情侣
室内面积 40平方米
室内高度 下层高约2米、平面层高2.8米、上层高1.9米
格　　局 客厅、餐厅、厨房、主卧、卫浴、更衣室兼客卧
建　　材 超耐磨木地板、塑胶地板、木皮、系统柜、铁件、灰玻璃
家具厂商 ARTO浴缸、蓝天厨饰

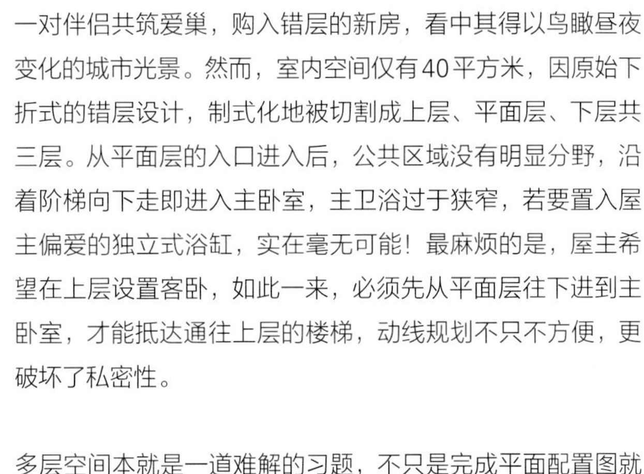

文字 詹雅婷 Mimy
空间设计 绮寓空间设计

一对伴侣共筑爱巢，购入错层的新房，看中其得以鸟瞰昼夜变化的城市光景。然而，室内空间仅有40平方米，因原始下折式的错层设计，制式化地被切割成上层、平面层、下层共三层。从平面层的入口进入后，公共区域没有明显分野，沿着阶梯向下走即进入主卧室，主卫浴过于狭窄，若要置入屋主偏爱的独立式浴缸，实在毫无可能！最麻烦的是，屋主希望在上层设置客卧，如此一来，必须先从平面层往下进到主卧室，才能抵达通往上层的楼梯，动线规划不只不方便，更破坏了私密性。

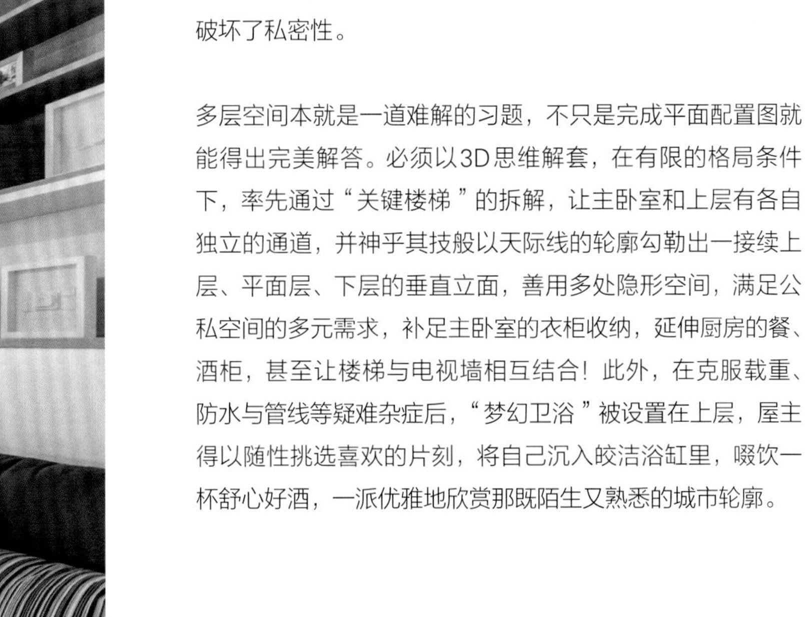

多层空间本就是一道难解的习题，不只是完成平面配置图就能得出完美解答。必须以3D思维解套，在有限的格局条件下，率先通过“关键楼梯”的拆解，让主卧室和上层有各自独立的通道，并神乎其技般以天际线的轮廓勾勒出一接续上层、平面层、下层的垂直立面，善用多处隐形空间，满足公私空间的多元需求，补足主卧室的衣柜收纳，延伸厨房的餐、酒柜，甚至让楼梯与电视墙相互结合！此外，在克服载重、防水与管线等疑难杂症后，“梦幻卫浴”被设置在上层，屋主得以随性挑选喜欢的片刻，将自己沉入皎洁浴缸里，啜饮一杯舒心好酒，一派优雅地欣赏那既陌生又熟悉的城市轮廓。

尺寸解析

善用壁面秀出“柜”风格

利用整面沙发背墙设计壁柜，长约175厘米的柜体由上自下有三种变化：上段展示马克杯和书本，深度与高度可参照A4纸尺寸设计，如此一来，除了一般书本，杂志也能收得漂亮；中段镂空，帮柜体减重，台面可摆上特色家饰；下段利用台面做上掀式柜门，可收纳薄被等寝具。

平面图解析

A 保留当初的厨具，以同样材质延伸出电器柜，放置可双面使用的定制中岛，原本的一字形厨房变成“1 + 1”的组合型厨房。

B 运用旧有格局的畸零空间，规划玄关浅柜和沙发后柜。

C+D 原有隔间被拆除，重新规划成兼具多功能的双面收纳基地，补足厨房和主卧的收纳需求。

E 原为连接下层和上层的楼梯，后改为两个楼梯，使动线更加灵活。

F 规划成14平方米的专业级更衣室，还可兼作临时客房。

G 后来新增的卫浴空间，为放入独立浴缸需较大空间，因此将洗手台移出。

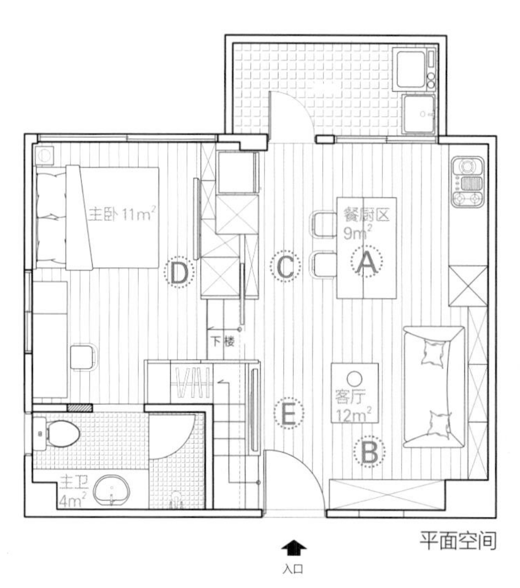

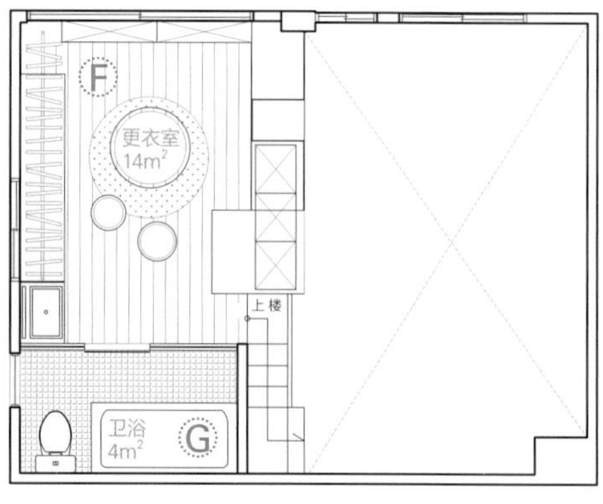

Ⓐ 厨具

餐桌撞上中岛，餐厨跨界超“食”用

大厨房也能在小住宅里出现，餐厨区定制一个结合餐桌的两用中岛，中岛90厘米高、餐桌75厘米高，不用弯腰或特别抬手就能轻松切菜备料。上方以日字形铁架搭配层板，减轻一般封闭式吊柜的沉重感。

Ⓑ 柜体

玄关收纳功能整合，收放都美丽

将玄关柜与鞋柜合而为一，柜体仅有40厘米深，内部为可移动层板，可放40 ~ 50双鞋子！于近门把的位置设展示平台，可放钥匙，也可摆放家饰装点玄关。

厚实的沙发与厨房中岛分别稳住两区，沙发脚凳放上木托盘后更变身临时茶几。

Ⓒ+Ⓓ 隔间柜

一柜两面，一并纳进生活器物

移除旧墙面，搭造出上虚下实的隔间柜，内藏下层主卧衣柜。依序规划18厘米深的浅餐柜，以及包含抽屉、层板与迷你红酒柜的多功能橱柜，更一并纳进冰箱。隔间柜背面则为主卧深度60厘米的衣柜、电视凹槽以及空调安置处，并且利用前后错落空间安置管线。

Ⓔ 楼梯

阶梯下秘密收纳之道

通往上层的阶梯在外侧与电视柜相互融合，最低的阶梯更留作电视设备薄柜，电视上方以隔栅形式设计，如同白色百叶帘。转角后的阶梯被悄悄地转型为抽屉，留有美观又实用的缝隙，方便屋主开关抽屉。

Ⓕ 空间

时尚更衣室=顶级夜景套房

在高度1.9米的上层空间里，沿着壁面设置一字形的铁件衣架，所有服饰战利品气势展开，上端设间接照明，下方则设置深度约50厘米的拉篮，以及一字排开的无把手设计抽屉。此区只要铺上床垫，就可瞬间变成一间顶级客房。

Ⓖ 设备

独立浴缸是最唯美的挑战

在上层增设卫浴必须考量承重，要先从结构上加强，以加入钢板的钢筋混凝土打底，地面防水不仅施作五层，更在地板与墙面相接处铺设防水无纺布，杜绝日后渗漏问题。施工中，幸运发现建筑商在墙中留有粪管，省去马桶重新迁管问题。值得注意的是，将排风机主体设置在上层卫浴中，采取与下层（正下方）主卧卫浴的排风机连动的设计，好保留下层高度。

16

挑高
28平方米
3人

黑、白、灰小家

红酒、音乐、游戏区！小窝也有好生活

功能型高台＋推拉式沙发床
活动与休憩清楚分隔

充分利用4.2米的层高设计阅读游戏区，男屋主归家或婆婆来访时，就成为孩子的睡铺。

住宅类型 老房
居住成员 夫妻+孩子
室内面积 28平方米
室内高度 3.6米、4.2米
格　局 玄关、客厅+卧室、厨房、卫浴、阅读区、挑高游戏区、阳台
建　材 铁件、玻璃、木皮、木地板、黑板漆、乳胶漆、超薄岩板
家具厂商 名邸家具

文字 黎美莲
空间设计 馥阁设计

男屋主因为工作经常往来两地，平时只有女屋主与孩子同住，再加上孩子面临就学学区的选择，因此夫妻俩决定搬到较小却较适合目前生活状态的新家。由于空间属于错层格局，进门高度是3.6米，下了两级阶梯到4.2米高的空间，又必须再上两级才能到阳台，规划上十分棘手。

为了满足完整家庭需求，规划以推入式沙发床作为座席，让客厅与卧室复合使用。男屋主喜爱喝红酒、重视视听享受，需要有大酒柜、大电视及音响设备；女屋主可能因为房子极小，担心要求太多会无法兼顾，一开始并没有说出内心想法，在一次次沟通中才表示不喜欢爬高，以及若友人来访时，希望不是直接坐在沙发床上。

因此，设计师先安置好大沙发床后，再以具有收纳功能的长廊平台解决动线困扰，放上坐垫就成为客人座位。平台与阳台同高，阶梯设置在最后端，动线就变得自然流畅。

设计师还设身处地思考女屋主的生活日常：回到家，给小朋友洗澡、洗衣、辅导作业、准备晚餐，活动空间都集中在平台上；等到事情都完成，就走下平台坐在沙发上好好放松。男屋主如果归家，沙发床上方的挑高空间平时是小朋友的阅读游戏区，这时就成为睡眠区。这样的规划，让28平方米的空间住上一家三口也自在有余。

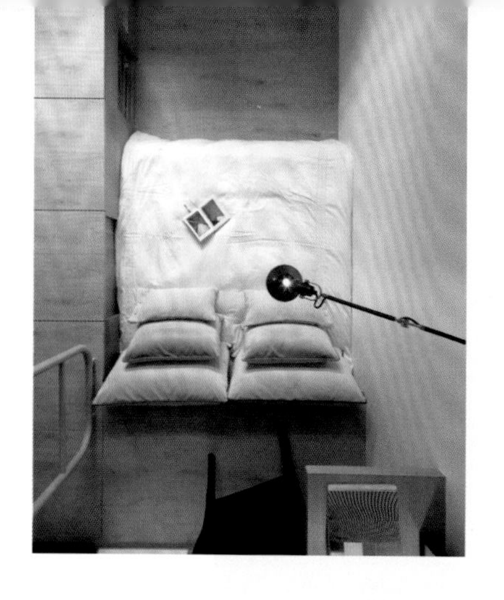

尺寸解析

沙发床决定空间布局

由于屋主要求要有一张大床，设计师在确定长210厘米、宽180厘米的尺寸需求后，再利用剩余空间规划导引生活动线的长廊平台。

平面图解析

A 入口廊道利用一整排柜子，将鞋柜、电器柜、红酒柜、衣柜及书柜完全整合。
B L形长廊的一角规划为小朋友的书房。
C 厨房增设了零食深柜，让原本因卫浴门开阖而无法使用的厨具恢复功能。
D 客、卧两用区设置推拉式沙发床，将长形空间以及后方高台充分运用。
E 以长廊平台化解动线困扰，只要增设坐垫，就成为客人来访时的座位。
F 窗台下方配置视听设备。
G 通往挑高区，两段式直梯设计安全又不占空间。
H 小朋友游戏空间，通过局部透明楼板可以和妈妈互动。

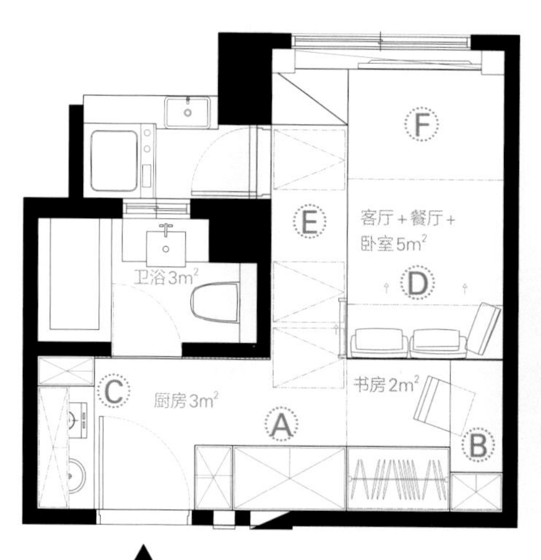

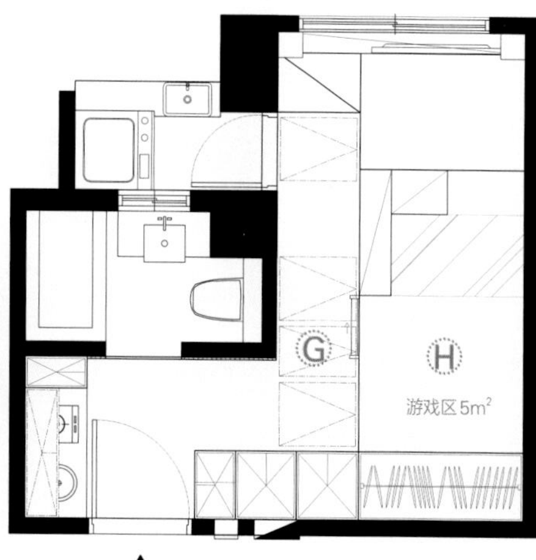

Ⓐ 设备

大容量红酒收藏柜

男屋主喜欢喝红酒，设计师将红酒柜与深紫色冰箱并列，宽124厘米、高160厘米、深60厘米的大酒柜可以容纳近50瓶红酒。在白色主调的空间中，这个区块的浓烈色彩成为吸睛焦点，再搭配客厅、书房两用的黑色壁灯与轨道灯，适时点缀呼应。

Ⓑ 柜子

小书桌旁的墙面做满收纳

小家的收纳空间寸土寸金，墙面除了规划玄关鞋柜，转角处还衔接了电器柜与红酒柜，再以衣柜及书柜收尾。书柜邻近小朋友书桌的部分刻意以开放式层板增添墙面变化，也化解密闭的无形压力。

Ⓒ 柜子

小厨房，天花板的隐藏升降柜

走进玄关即是厨房，3.6米的挑高空间上方设置了两个升降柜，将各类杂物妥善隐藏。建筑商附赠的厨具原本贴墙，使用困难，因此设计师挪出长30厘米、深60厘米、高230厘米的侧拉柜，可以摆放零食小物，也让料理时更顺手。

Ⓓ 家具

推入式沙发床，不用叠棉被！

看似平常的沙发床，只要将靠垫拿起，即可推入平台后方的空间，再放上靠垫就变回舒适的座椅，不必收起棉被，对每天都需整理的女屋主来说十分方便。

Ⓔ 地板

平台长柜，地板下大储物区

以长廊平台区隔出不同的生活动线，地板有上掀式收纳柜，客厅侧边也有层板柜。

F

G

Ⓕ 设备

大空间＋大电视＝男屋主的大享受

结束忙碌的工作，经常当空中飞人的男屋主希望回到家可以喝杯红酒，听听音乐，好好放松。设计师为他配置了大尺寸电视，音响设备都各归其位，甚至还有CD架，满足生活中的小娱乐。

Ⓖ 阶梯

两段式阶梯＝扶手＋安全护栏

因为面积有限，爬上夹层如果还要设置斜梯太占空间，平时使用的又是小朋友，妈妈只有在婆婆来暂住时会上楼与小朋友同睡。因此设计两段式直梯，上段梯可作为上楼时的扶手，也作为防护边栏的安全设施。

Ⓗ 空间

挑高区，是游戏室也是小睡房

挑高区的平台是小朋友的阅读游戏空间，在这里乱放玩具书籍，也不必担心会被妈妈看见而挨骂。平时与妈妈同睡，爸爸回来时，这里就成为寝区，中间装上玻璃，让年纪还小的孩子必要时可以看见下方的父母，安心入睡。

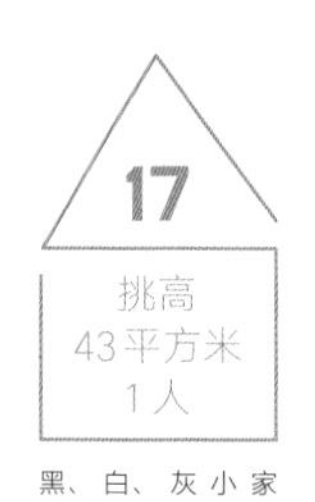

黑、白、灰小家

家的伸展台，空中廊道更衣室！

开放式浴缸＋狗的旋转门＋玻璃铁件结构 生活处处蕴藏细节

运用高低差界定客、卧，以铁件、玻璃与卷帘让整个空间可开放、可独立，制造空间的层次，也纳进更多采光。

住宅类型　新房
居住成员　单身女子、1大狗
室内面积　43平方米
室内高度　前半部4.2米、后半部2.7米
格　　局　客厅、厨房、主卧、更衣室、卫浴
建　　材　铁件、玻璃、磐多魔、白洞石、马赛克瓷砖
家具厂商　灏斯家具、优的钢石·创意地坪

文字　魏雅娟
空间设计　诺禾空间设计

面对仅有43平方米，前半部挑高4.2米、后半部却只有2.7米而产生高低差的先天格局缺陷，设计师跳脱挑高空间的夹层使用率迷思，在满足屋主生活需求的前提下，以强调空间感为主，完美地将此高低差转变为主卧室与客厅的分界线，并以落地玻璃移门为隔间，放大空间的同时也营造出空间的层次，纳进更多采光。

整个空间以利落的线条、黑白用色为主，利用铁件及玻璃打造空中廊道。屋主相当注重穿着打扮与生活享受，最烦恼的就是衣服多、鞋子多，设计师巧妙将更衣室及鞋室暗藏于内，收纳大量衣服与鞋子，当女主人在挑选穿搭时，有如在伸展台上走秀一般。住小家，也能很时尚、很享受。

看起来现代前卫的小家，处处隐藏着设计细节。谁规定每个家一定要有餐桌、书桌？小家尤其要有所取舍！对于经常在外遍尝各式美食，也不需要在家使用电脑的单身女主人而言，客厅的大茶几就能同时满足偶尔在家简单吃饭、翻阅书报杂志及看电视等起居需求。因为家中养了一只大狗，后阳台于是规划旋转门，使用磐多魔地材，方便狗狗进出，地板耐受性也高。至于喜欢泡澡的需求，设计师贴心以如伸展台的超大更衣室以及与房间合在一起的独立浴缸、干湿分离的淋浴间，确切对应屋主每一个需求。

尺寸解析

超大容量伸展台更衣室

由铁件与玻璃打造的空中玻璃伸展台，暗藏一间超大容量的更衣室，利用铁件及玻璃制造出高180厘米、宽70厘米的空中廊道，右侧则是长达600厘米的衣柜及450厘米的鞋柜。

平面图解析

A 打掉原有墙面，以玻璃移门搭配卷帘当隔间，开放空间也保留卧房隐私。

B 利用原有高低差区隔客厅与主卧，设计一长平台，放上坐垫就变为沙发区。

C 后阳台移门变成旋转门，方便大狗自由进出。

D 角落规划一旋转梯，不占空间，是串联上、下层的垂直动线。

E 打掉次卧的墙与门，将两室变一室，并把独立浴缸与主卧合在一起。

F 利用挑高空间打造空中玻璃廊道，并将更衣室与鞋室暗藏于内。

改造后

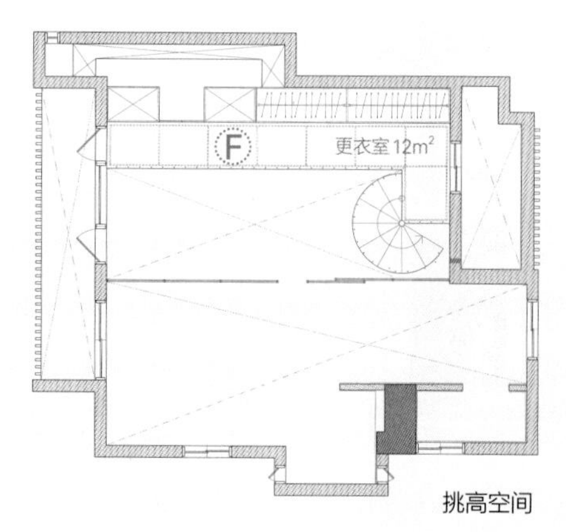

Ⓐ 墙面

玻璃移门＋卷帘＝隔间

打掉客、卧之间那面墙，取而代之的是6片式落地玻璃移门，让隔间淡化、视觉穿透、光线洒进，空间感也随之变大两倍。搭配卷帘可开放空间，也可兼顾房间的隐私。

Ⓑ 空间

沙发区＋玻璃移门＋旋转梯，一个长平台整合客厅

借原有高低差、玻璃移门界定客厅与主卧。顺应75厘米落差设计黑色长平台，于高25厘米、宽75厘米、长300厘米的平台处摆放坐垫，规划成客厅沙发区；沙发旁不放坐垫处以25厘米为一步，走三步即可进入主卧。

C
D

Ⓒ 门

后阳台旋转门，大狗住小家也自在

女主人养了一只大狗，除以无缝隙、耐磨的磐多魔为地材外，将后阳台原有的移门改成旋转门，大狗只要轻轻一推，即可自由进出室内与后阳台，养成于后阳台大小便的好习惯。

Ⓓ 楼梯

薄踏板＋线形扶手，轻量铁件旋转梯

由于空间不大，在边角以铁件定制一轻巧的旋转梯，符合上下楼梯人体工程学与结构支撑的170厘米直径、17厘米的踏板间隔高度，以及薄薄只有1厘米的踏板厚度、细细的栏杆扶手，串联上、下两层空间，也让视觉穿透、流动。

Ⓔ 设备

开放式浴缸＋干湿分离淋浴间

将卫浴与房间合起来构想。打掉次卧的墙与门，将两室变一室，并将独立浴缸摆在房间里，降低3厘米铺设马赛克地砖，即使浴缸的水漫出来也不会流进房内。搭配干湿分离的淋浴间，让喜欢泡澡的女主人在家也能像住在饭店般随时宠爱自己，尽情享受。

Ⓕ 柜体

空中廊道暗藏更衣室＋鞋室

女主人唯一的收纳需求就是要有极大的空间来摆放大量衣物及鞋子，超大容量的更衣室可放500件衣服、120双鞋，且每件衣服与每双鞋都可像精品般陈列摆放，主人在挑选时，有如在伸展台上走秀。

北欧 + LOFT随性小家

家具软装手感学！四口之家阳光满室

找回阳台＋厨房西移
客、餐厅对调，西晒缺点变优点

开放式空间在丰富的色彩与不同材质的搭配下，更显宽敞，更有层次。

住宅类型 老房
居住成员 2大2小
室内面积 83平方米
室内高度 2.86米
格　　局 客厅、餐厅、厨房、主卧、卫浴、2次卧、书房、2阳台
建　　材 文化石、铁件、实木皮、旧庄园涂料、烤漆、山胡桃原木、韩国户外植草砖、彩色木纹砖、木百叶
家具厂商 W2家具、两个八月

文字 黎美莲
空间设计 馥阁设计

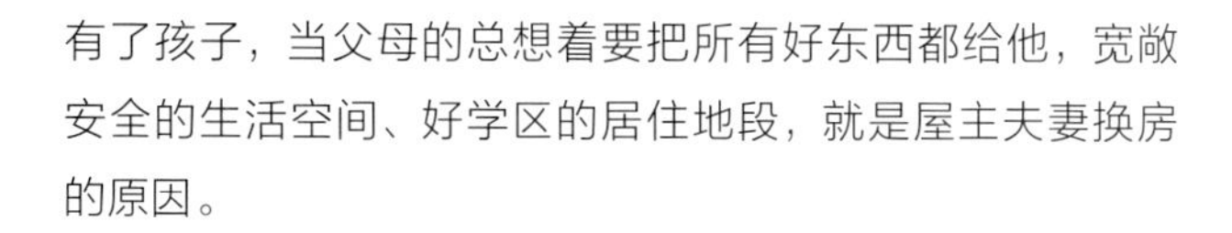

有了孩子，当父母的总想着要把所有好东西都给他，宽敞安全的生活空间、好学区的居住地段，就是屋主夫妻换房的原因。

年轻的屋主爱开玩笑、个性活泼，先生在家从事贸易工作，太太是家庭主妇，有一个稚龄小孩，在一年多的沟通与工程施作中，又添了第二个宝宝。喜欢也习惯了第一个家的乡村风格，他们原本希望新家能承袭一致的调性，但不受风格局限的设计师考量原有格局的缺点、阳台外推的基本状况、屋主在家工作的特质以及明朗的性格，建议他们将阳台区恢复，缓冲与外界的距离并迎入些许自然角落；同时还将客、餐厅对调，将厨房移至日光充足的西侧；至于原本没有景观也受西晒影响的客厅，规划与大阳台结合，沙发后方也将男屋主的工作书房一起整合，借由柜体形成前窄后宽的设计，打造不易受小孩干扰的空间。

设计师更提出以色彩与一手打点的家具软装满足屋主对风格的期待。活泼明亮的黄、蓝、绿以对角交叉的方式互相呼应，并借不同材质显现层次感，白色与木色则是平衡的力量，色彩虽丰富却不显杂乱。而充满童趣且温暖的可爱家饰与手工质朴的木餐桌及家具，让空间洋溢美好的生活感。

尺寸解析

无玄关空间，鞋柜与厨具整合

在客、餐厅对调后，设计师配合冰箱与料理台尺寸，打造长40厘米、深60厘米、高230厘米的鞋柜，没有实际玄关却有实质功能，增加收纳，也让料理台面变得利落而平整。

平面图解析

A 原为厨房，将隔墙拆除后调整格局，如今作为客厅。进门处，左侧大门墙面以造型铁件打造吊挂区。

B 电视墙完美隐藏线路，并以实用的自然系材料整合视听设备。

C 将书房柜子做深度的渐次变化，对应工作桌的宽窄设计。

D 原客厅改为完整的餐厨空间，以中岛分隔料理区与电器储物柜。

E 中岛桌以手感大餐桌再延伸。

F 在衣柜前方设有轨道式电视墙，一柜两用。

G 将原有两间小卫浴打通成为一间大卫浴。

改造前

改造后

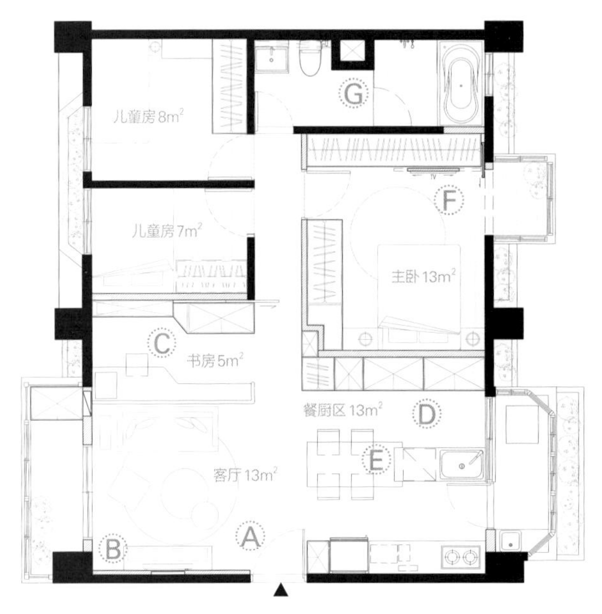

Ⓐ 墙面

落地造型铁件，整合小玄关功能

虽然空间没有余裕设置玄关，但设计师除了在右侧设置鞋柜做出象征性的区隔与收纳功能外，另在左侧也以H形的落地铁件，将对讲机、电灯开关整合在同一区域，并贴心增设挂钩，当作出入时的钥匙挂置处。众多功能一目了然，也与白净的文化石墙面形成色彩对比。

B
D
C
LOVE

B 材质

韩国植草砖+山胡桃原木=自然派视听柜

以自然系素材让空间充满生活感，在材质的挑选上，更以幼儿安全为主。设计师以表面平滑的韩国户外植草砖加上山胡桃原木打造设备柜，不但可以随心所欲挪移摆放，也不必担心粗糙砖块成为好动小孩的潜在危险。此外，电视下方也以文化石墙一体的隐藏设计，将线路收得干干净净。

C 柜子

开放式书柜+暗藏式事务机柜、玩具柜

开放式设计让小面积的家同时拥有大客厅、大餐厨，还有可独立使用的书房。男屋主的书桌放置在书房最内侧，收纳量足够的展示书柜上方隐藏了大型事务机，下方是小朋友可以自己收拾的玩具箱，各适其所的收纳正是让空间宽敞的诀窍。男屋主在家工作的同时也能兼顾家庭。

D 柜子

厨具柜+电器柜、储物柜

以中岛餐厨区为界，两侧有宽逾80厘米的走道，回旋走动完全无碍。一侧是从鞋柜延伸而入的一字形料理区，另一侧则是一排百叶柜，里面隐藏了蒸炉、咖啡机等电器，还有大小深浅不同的收纳空间，可以收藏小物，也能放旅行箱。还运用这一大面墙，在廊道转角处设置衣帽柜，等于有了独立的储藏室。

E 厨具

中岛衔接餐桌，
扩充一字形厨具

宽敞的公共空间串联客、餐厅，设计师以餐桌衔接中岛，更扩增料理工作区，成为家人情感交流的空间。餐厨区的阳台恢复后，不但有阳光佐餐，更能反转原来西晒的缺点，让这里成为最好的晒衣空间。

F

Ⓕ 功能

横移式电视墙，弹性移位不占空间

主卧的衣柜前方设置可左右滑动的电视墙，完全不占据空间，留出更宽裕的床尾走道；轨道在前，后方天花板则隐藏有管线，不会妨碍衣柜开启。一旁的小阳台以可收式穿衣镜隔出独立的小阅读区，甚至可以放置婴儿床。

Ⓖ 空间

两小卫变有采光的泡澡卫浴

原相邻的两个卫浴都极小，主卧卫浴的采光也无法分享给客卫。因此设计师在不动管线的改动下，将两间卫浴打通成一间，不但采光变好，使用空间也变大，能够置入泡澡浴缸，更以彩色木纹砖装饰，让卫浴也成为吸睛焦点。

北欧＋LOFT随性小家

86平方米再进化！三五好友的下午茶聚会

工业风客厅＋花漾餐厨空间

家的中心就是餐桌

打通厨房，再拆除客卫墙以扩大公共区比例，让爱烘焙的女主人拥有梦想厨房

住宅类型　新房
居住成员　2人
室内面积　86平方米
室内高度　最高2.95米，最低2.2米
格　　局　玄关、客厅、餐厅、厨房、主卧、客房、2卫浴
建　　材　磐多魔、杉木板、雾面喷漆、六角瓷砖、水泥粉光、钢琴烤漆、铁件烤漆

文字　Fran Cheng
空间设计　均汉设计（KC design studio）

原本男屋主偏好个性的工业风，但身为模特儿的美丽女主人则喜欢咖啡馆的文青氛围，为了将两种不尽相同的风格品味融入新居，设计师选择以工业风作为硬装主体，构筑出低调、无色彩的空间背景，再以女主人挑选的蓝绿色调点亮设计细节，并以清新的色彩为主轴，从管线、家饰、家具、花砖等处着眼，交织出专属于两人的粗犷与细腻结合的生活美学。

除了风格上的糅合，擅长烘焙、喜欢下厨的女主人和生性好客的男屋主经常在家中与好友聚会，为此，设计师特别将公共空间的比例调整至最大，通过拆墙及打通厨房等格局变更的方式，营造出小两口最爱的吧台餐桌与半开放厨房，并与玄关及客厅做一横一纵的十字交叉，让餐桌成为家的中心，更能满足屋主对居家生活的期待。

转进客厅，可以望见充满自然能量的大木墙，搭配细致铁件镶嵌而设的柜子不仅自成风格，也界定了木墙后端的私密生活区。考量现实与未来需求，将私密区规划出主卧及客房，特别的是房间之间搭配更衣间的格局辟有弹性通道，在客人留宿时，客房可独立使用，但平时则可作为书房使用，而日后还可转作婴儿房，周全思虑也让房子的未来适应性更完美。

尺寸解析

铁柜为木墙注入灵魂

界定公共空间与私密区的宽幅杉木墙，除了是客厅电视墙，两间房间的门也被整合在木墙内，而粗犷木墙除了使空间有自然能量与素朴气息外，其中长180厘米、高290厘米、深约30厘米的铁件柜可展现主人的生活内容，赋予空间灵魂。

平面图解析

A 不修边幅地露出大梁与管线，视觉上提高公共空间的层高。

B 沙发等家具选用有轮子的款式以便于移动，增加空间使用的自由度。

C+D 天花不封板与裸色建材设计，为长廊式玄关塑造挑高及工业风特色。

E 餐厅电器柜提升空间功能性，也补足收纳空间。

F 将卧室门改向并且整合至电视墙内。

G+H 半开放厨房结合中岛餐桌，以六角花砖的铺饰界定料理空间。

I 运用电器柜区隔客卫与客房的动线，打造墙面收纳与装饰。

J 连接主卧与客房/书房的通道，中间为更衣室。

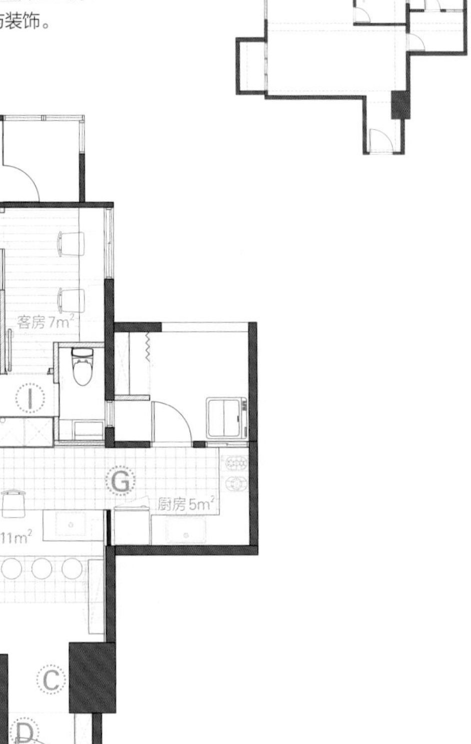

Ⓐ 天花板

裸露管线，天、地、壁成为画纸

硬装依工业风的设计手法，以裸露、无修饰的原则维持高低不一的层高、水泥原色、白底漆与木质原味的原始状态。运用蓝绿色的管线、轨道灯光或整齐排列，或随墙面、大梁起伏呈现律动感，在空间中如作画般地拉出线条，形成率性的空间质感，并让裸露管线如装置艺术般存在于生活中。

Ⓑ 家具

可活动、换“脸”的沙发与茶几

工业风的木家具与女主人指定配色的缤纷坐、靠垫，充分展现男女主人的性格特质，垫布可随屋主心情或季节更换色调，加上沙发与茶几均设有轮子，让屋主在家开派对时可随时变换位置，符合各种形态的聚会。具文青风的挂画也是女主人亲自操刀选配，搭配慵懒光线更具舒压与暖化空间的效果。

C
D

Ⓒ 天花板

裸梁更显空间高挑

玄关天花板未做吊顶，直接让大梁裸露在外，为入口处创造压低感受，搭配吧台餐桌如建筑透视的远景焦点。

Ⓓ 墙面

镜面转接粉光水泥墙，化解玄关狭隘

玄关属长廊式格局，收纳柜规划于右墙，并以地板与墙面的落差区分出落尘区。左墙则直接以粉光水泥面搭配玄关镜面做材质的衔接转换。

Ⓔ 墙面

一前一后的墙柜层次

向右延展的杉木板电视主墙以及铁件层板柜放大了公共空间的面宽与格局，木墙与餐厨区的白色电器柜前后映衬，更凸显空间层次。白色电器柜长180厘米、高220厘米，可衔接右侧大梁，又略低于后端高达290厘米的木墙，让视觉延伸，不着痕迹地透露出背景的精彩。

Ⓕ 门

门隐身于电视墙，维持视觉一体感

将原本在屋中间位置的主卧门移至窗边，让电视主墙与铁件柜更具完整性，门也得以隐身在电视墙内。此外，将落地窗的窗帘盒调整向下，借由窗的长宽比例变化，横向放大空间。

Ⓖ 空间

微调格局以开放餐厨区

把原本的客卫略缩小并移至电器柜背后，接着把厨房墙面打开，让原来的小厨房形成半开放格局，与外部的中岛餐桌串联结合，既可满足屋主的聚餐待客需求，也弥补了原厨房过小的问题。

Ⓗ 材质

六角花砖蔓延地与壁，创造立体感

餐厨区以黑白六角花砖做立体铺陈，一路延伸至地板、吧台与侧墙做贴饰，鲜明地定义出餐饮区范围。另于吧台侧墙上以铁件层板轻盈地嵌入花砖墙面内，又增加收纳及展示功能。

I 墙面

柜体表面增加展示架，过道变艺廊

客房与卫浴之间由电器柜创造出动线，让卫浴间更隐秘，同时在木墙上利用内嵌的设计手法，借用主卧室更衣间的局部空间，在墙外规划铁件层板柜来摆设饰品，兼作收纳柜；另一侧则是电器柜后的墙面，设计师将墙面巧妙设计为杂志架，充分利用过道空间。

J 空间

卧室双移门动线，连接弹性空间

私人空间由主卧、更衣间、客房兼书房三个部分组合而成，通过变更开门方向，以及用更衣间取代隔间墙的设计，为主人争取到了步入式更衣间的配置。此外，利用双移门设计为两房之间增设弹性动线，让客房平日可作为主卧书房用，需要时也可成为独立出入的客房。

北欧 + LOFT随性小家

楼梯换位思考，动线顺了，家就宽了

客厅+书房+餐厨区三合一 切换用途很方便

复式住宅易受高度限制，但只要楼梯位置适当，上下层空间都能站立行走。

住宅类型 老房
居住成员 夫妻＋1小孩
室内面积 40平方米
室内高度 4.2米
格　　局 客厅、餐厅、厨房、书房、主卧、儿童房、储藏室
建　　材 文化石、水泥砖、铁件、透明玻璃、灰镜、超耐磨地板、栓木、人造石、烤漆
家具厂商 永亮企业（系统橱柜）、叁人家私

文字 刘继珩
空间设计 虫点子创意设计

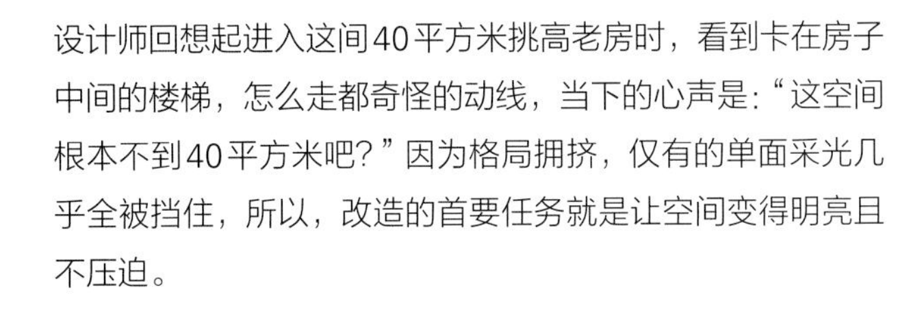

设计师回想起进入这间40平方米挑高老房时，看到卡在房子中间的楼梯，怎么走都奇怪的动线，当下的心声是：“这空间根本不到40平方米吧？”因为格局拥挤，仅有的单面采光几乎全被挡住，所以，改造的首要任务就是让空间变得明亮且不压迫。

当设计师询问年轻屋主夫妻对新家的期望时，重视功能性并计划生小孩的两人说：“一定要有主卧、儿童房，还要有一间更衣室！”于是设计师决定先改变阻碍动线的楼梯的位置，再打掉楼下的一间房，使下层空间完全敞开，引进自然采光，并重新配置房间，使2间卧房集中在上层。

再来要思考的则是收纳，两个大人现有的物品，再加上未来小孩的杂物，数量绝对不可能少，所以除了在原本的楼梯处规划一间储藏室供使用，其他的收纳设计都秉持往高处发展的原则，尽可能借由层板往上堆叠放置，善加利用空间的挑高优势，发挥最大的储物效能。

过程中，屋主也曾经对上层采用透明玻璃的隐私性及安全性提出疑问，设计师耐心地说明：“想要视觉上扩大小空间的视觉感，‘通透’是非常重要的元素，只要选择足够厚的强化玻璃，再搭配具有遮蔽功能的窗帘，在日常使用上不但不会是问题，还能为小住宅加分！”

尺寸解析

楼梯踏阶与扶手的安全规格

串联上下层的楼梯在空间视觉上占了很大比例，要好看，更要安全，因此选用比一般玻璃更厚的10毫米强化玻璃作为扶手材质，轻巧又安全，踏阶高度也考虑到日后小朋友会使用而不做太高，以22 ~ 25厘米一踏为主。

平面图解析

A 楼梯原本卡在屋子中间，干扰了各区块的配置，移至靠墙后减少了空间浪费。
B 利用卧室下方规划储藏室，小家也能收纳大型杂物。
C 公共空间以客厅为中心，同时将餐厨区、书房全部整合在一起，便于使用。
D 以沙发、书桌分隔出书房空间。
E 厨房与餐厅利用中岛餐桌分割，规划出一字形厨房。
F 更衣室。利用长形主卧梁下空间规划而成。隔壁的儿童房虽然无窗，但移门打开就能引入对窗采光。

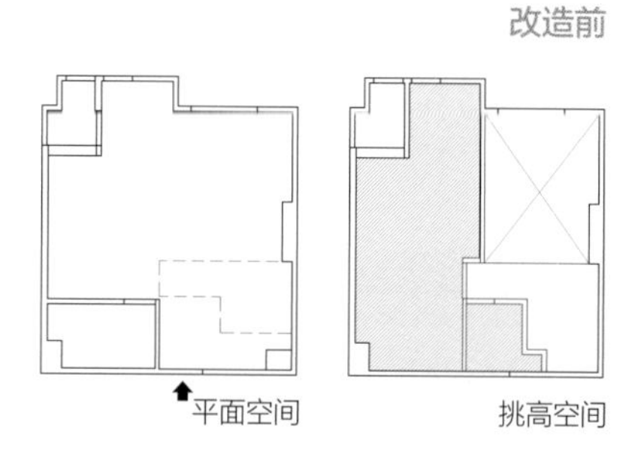

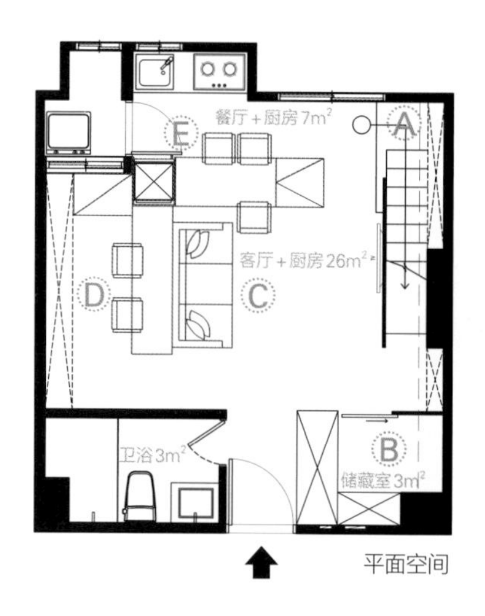

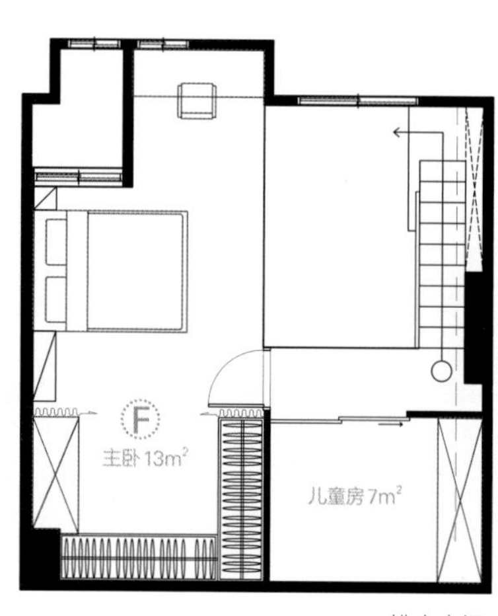

Ⓐ 阶梯

铁件+木踏阶，隐现于电视墙后方

设计师将楼梯靠墙并与电视墙结合，不干扰动线。木质的薄型电视墙厚度30厘米，下方采用内嵌设计，收纳管线的同时也可收纳相关设备，楼梯下方则规划成另一个独立空间，可展示置物，也可作为日后小朋友的游戏角落。

Ⓑ 柜子

与玄关柜整合，小住宅里的大储藏室

利用玄关柜后方的3平方米小空间，规划出收纳行李箱、吸尘器等大型物品的储藏室。统一的松木色，加上玄关柜与储藏室整并合一，以及隐藏式门，一路齐整地延伸至电视墙。

Ⓒ 空间

客厅＋书房＋料理区，公共大空间用途三合一

为了让小空间看起来开阔，设计师尽量将一楼的公共空间呈现全开放状态，于是将客厅、书房和餐厨区合并，先计算出吧台的人造石台面尺寸，以中岛餐桌做空间定位，再利用餐桌与书桌规划出L形独立区块以安置客厅沙发。室内层高为4.2米，下层空间高度为2米。

Ⓓ 材质

梧桐木纹＋浅色家具＋跳色主墙，让书房有层次

深色容易造成空间的压迫感，因此体积大的家具以浅色为主，设计师挑选了梧桐实木贴皮书桌（长度200厘米）与大地色系沙发（长度180厘米），在长度上彼此搭配，并尽量减少体量的存在感，再特意以一面蓝色主墙带出空间焦点，色调柔和舒适却不平淡。

E

Ⓔ 厨具

功能齐全的小餐厨区

结合餐厅功能的小厨房，利用主卧下方的转角小区块作为料理区，大型人造石吧台（长180厘米、宽60厘米）除了作为餐桌使用，下方也是电器收纳柜，此外，吧台桌面具有实用的两段式设计，可依人数收折、延长。

Ⓕ 空间

梁下空间＋系统柜变出更衣室

40平方米的小家还能拥有经常在国外电影中出现的步入式更衣室？是真的！设计师利用梁下的畸零地加上拉帘打造出独立更衣室，里面则借由能定制的系统柜组合出最符合空间尺寸的衣柜，一圆女主人的梦想。

北欧 + LOFT随性小家

挑高小宅，家的绕行趣味

拆隔间 + 重建龙骨梯 + 独立书空间

还原采光与自然视野

通过做减法的设计，让33平方米挑高小宅还原自由度，再以轻颓废感的工业材质为媒介，赋予生活更多率性与自然。

住宅类型　二手房
居住成员　单身女子
室内面积　33平方米
室内高度　3米、4.2米（上层1.9米、中层2米）
格　　局　客厅、厨房、书房、卧室、1卫浴
建　　材　钢石、EGGER木地板、低甲醛系统柜、乳胶漆
家具厂商　丰庭私旅、优的钢石·创意地坪

文字　Fran Cheng
空间设计　寓子空间设计

屋主是在科学园区上班的科技新贵女，平日工作压力颇大，对新家的期待除了环境舒适外，更希望在这小小蜗居里可获得真正放松，好让紧绷的神经在此获得舒缓与疗愈。为达成目的，设计团队跳脱柴米油盐的思考窠臼，并结合屋主仅一人居住，平常少开伙、也不太看电视的习惯，量身打造出看似空灵却很实用的新居。

设计师谈起之前格局："最大的问题就是采光，由于前屋主在屋内架满夹层来争取更多使用空间，导致光线受阻、又显局促，完全不符合屋主期待的开阔、明亮居家感，所以完全舍弃旧格局。"新格局首重视觉开阔，将原本位于入门区的楼梯后移至窗边，并改用轻盈的龙骨梯，层高3米的起居、餐厨区采开放格局，以免采光面被遮挡，让空间好感度瞬间上升。而考量空间使用率，将层高4.2米的区域做上层卧房、下层开放式书房的设计，上下层高各约1.9米，不会有压迫感。

此外，斟酌主人本身相当有个性，也不排斥工业风设计，所以在材质挑选上适度加入LOFT元素。利用状似粉光水泥的钢石材质铺设地板与墙面，用做旧风格的系统木板装饰厨房，用充满自然感的OSB板（定向结构刨花板）铺饰书房墙面，冷暖互陈的色调，让这明亮居家展现屋主独有的生活态度。

尺寸解析

挑高小宅，视野开阔

放弃争取更多使用空间的设计想法，仅在4.2米高的半区上层规划卧房，而下层设计开放式书房，串联右侧3米高的餐厨与起居区，让33平方米住宅展现大空间感，而夹层高度上下各约1.9米也不显压迫。

平面图解析

A 起居区为开放式格局，与书房的错层创造出高台的效果。
B 书房做开放格局，横向连接起居区与餐区，放大整体空间感。
C 开放式餐厨空间，因位于入门第一视线位置，选用工业风面材来展现风格。
D 原本仅有一字形厨房，设计师延伸出工作吧台，也可作为餐桌。
E 原为夹层楼梯，改作入口的玄关收纳区，玄关柜后端与卫浴之间腾出一畸零角落，用来摆放冰箱。
F 主卧空间。

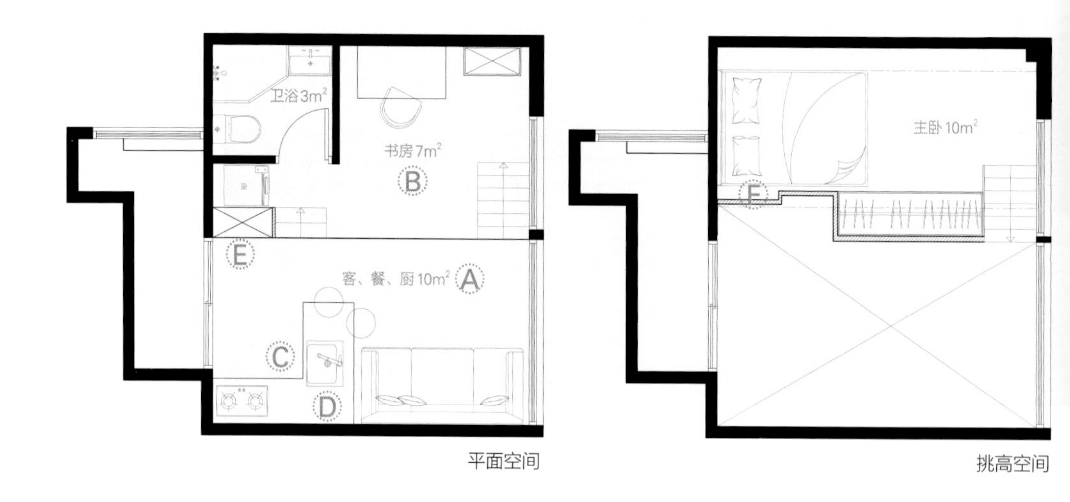

Ⓐ 材质

钢石墙、地，避免水泥粉光掉粉的缺点

钢石地板除了效果有如水泥粉光，也有多种色调，加上不用敲掉原有地板即可直接铺刷、无缝的延展性与仅6毫米的厚度，相当适合小空间。但因购买有数量的限制，因此设计师决定墙面与地板均用钢石铺设，呈现如水泥粉光的原色工业风空间，但不会有日后掉粉的问题。

Ⓑ 空间

6 + 3设计原则，留出自由空间

OBS板（定向刨花板）提供温暖空间质感，加上敞亮、开阔的格局，刻意不摆满家具与柜子的设计，完全符合屋主对于家的休闲、放空期待，同时也是设计师提倡的6分装修、2分家具布置，再保留1分给主人自由发挥的“6 + 3设计原则”。

陽光庭園

C 材质

黑铁架、木层板取代吊柜收纳

采用做旧风格的系统板搭配金属台面，呈现利落却又自然的质感，移除原墙面吊柜，保留清爽的泥色钢石墙面，搭配黑铁架、木质层板的置物柜，凸显工业风。

D 厨具

加长台面，升级为双轴L形餐厨区

将原一字形厨台加长为L形吧台厨房，L形台面长度分别为190厘米、160厘米，不仅可提供简单餐台功能，设备也由单炉升级为双炉，搭配双层烘碗机与大水槽，简单却能满足生活需求。

E+F 柜体

下方高柜延伸，抬高成为上层床头柜

将原本矗立于大门左侧的楼梯移开后，变更设计了一座高柜，适时提供出入玄关的置物与鞋帽收纳需求；并且巧妙地运用上下层空间的互补设计，让下层的柜体高于上层地板，顺势成为上层房间的床头柜，不浪费一丝空间。高度约190厘米的上层卧房对于女性屋主不至于太低。至于收纳，可利用大梁下方设计床头柜与固定式衣柜，长达200厘米的侧柜则以不同柜深化解大梁的畸零感。

北欧＋LOFT随性小家

工业风与北欧风混搭！飞行夫妇的主题家

机翼造型餐桌＋美国队长蓝 每个角落都热爱

运用客、餐厅中间的柱体，以白色文化石和棕色壁柜界定不同功能的活动场所。

住宅类型 新房
居住成员 2人
室内面积 56平方米
室内高度 2.8米
格　　局 2室2厅1卫
建　　材 柚木美耐板、松木夹板、金属洞洞板、黑板漆、白色文化石、黑铁烤漆
家具厂商 纯真年代

文字 邱建文
空间设计 好室设计

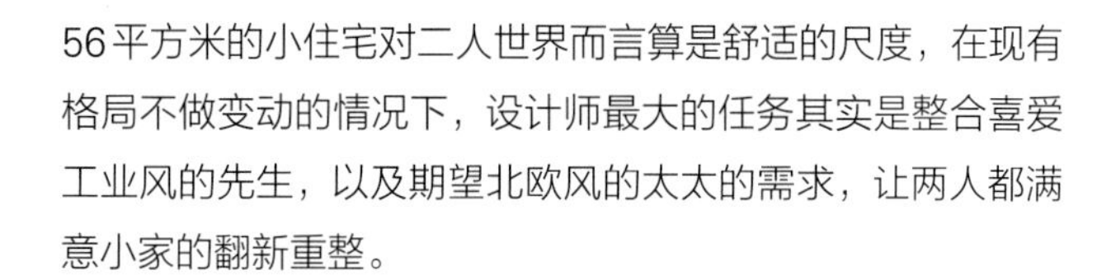

56平方米的小住宅对二人世界而言算是舒适的尺度，在现有格局不做变动的情况下，设计师最大的任务其实是整合喜爱工业风的先生，以及期望北欧风的太太的需求，让两人都满意小家的翻新重整。

由于夫妻2人皆从事飞机维修工作，设计师在材质物件的规划上特别凸显主人的职业色彩。从一进门的铁管层架到厨房空间、卫浴门的不锈钢毛丝面的洞洞板……都有强烈的金属工业气质。但同时，利用客厅的文化石墙面、利落简洁的沙发、背墙以及主卧温润的木家具，偷渡了北欧的简单气质。也因此，设计师形容这一户人家:“是工业混北欧。”

在这个空间里，风格与实际功能其实是可以充分融合的，比如客厅、阳台间的红色铁管平台架，除了作为客厅的视觉焦点，同时也具有展示置物以及屏风的功能，而卫浴的墙和门经过大改造后，不仅充满金属阳刚味，门本身也兼具储物和展示的功能。卫浴对面为黑板墙，走道终端则以屋主喜爱的美国队长蓝色墙搭配玄关小夜灯。

设计师陈鸿文提到，关于小住宅的各空间尺度分配，若是面积大小许可，客厅、卧室、餐厨空间保留在13平方米左右最符合人们的身心舒适度，因此，在主要空间的配置面积上便依照“四四法则”进行。

尺寸解析

利用25厘米退缩深度，卫浴门也是收纳柜

原本位于走道的卫浴入口处内缩25厘米，利用深度落差，设计滑轨式金属门，并将其中一扇门打造成可移动式收纳柜，对内可收放盥洗备用品。当需要使用卫浴时，即可视淋浴或如厕的不同需求，就近拉上有收纳功能的活动柜体，以方便随手取物。

平面图解析

A 阳台与客厅间规划平台架，创造工业风角落。

B 客厅敲除原有的抛光石英砖，改铺棕色的塑胶木纹地砖，营造自然原味的工业风。以白色文化石打造客厅主墙，以红色铁管做跳色呼应，装置展示层板错落其中。

C 餐厨区，依墙打造大柜子，并顺势延伸出餐桌，有如中岛吧台。

D 卫浴门板一体两用，结合收纳功能，让廊道的表情变得丰富有趣。

E 主卧以层板加高床架，可增加储物空间。临窗的书柜则结合写字台，设计活动式矮柜，拉出即可充当椅子。

Ⓐ 柜子

金属管陈列架，收纳式转角屏风

悬吊式鞋柜深度30厘米，由于屋主习惯入门时将钥匙随手丢放，因此柜子中间设计置物小平台。面向客厅的阳台转角以工业风金属管搭建陈列架，木质平台为卡榫结构，进出阳台时可轻易取下移开。

Ⓑ 墙体

文化石墙内嵌无印良品电子钟

客厅主墙以白色文化石结合红色金属管。其中最巧妙之处即在墙体内嵌无印良品电子钟，其尺寸正好符合一块文化石的体积，并以魔术贴固定，可随时取下更换电池。

Cola-Cao
el alimento de la juventud

Ⓒ 空间

壁柜＋机翼造型餐桌，主题感十足

开放式的餐厨空间以柚木的咖啡色调铺陈天、地、墙，使收于梁柱之间的大型柜子不着痕迹地形成平整墙面。中段借金属洞洞板吊挂烹饪用具和杯盘，插上的金属圆棒也可随时调整，并放上活动层板摆放餐盘。底层台面延伸出金属餐桌，有若机翼造型，散发轻盈的吧台气息。

Ⓓ 门

卫浴金属门内外皆可收纳

卫浴运用两扇可推移的金属柜作门板，展现银色航空机门的意象。其中一扇结合收纳功能，运用飞机油量显示表的概念，于外层金属嵌入透明玻璃，让人从外部就可清楚看到后方收放的毛巾等用品是否需要补给；而另一扇活动门则以金属洞洞板随意插上圆棒，供屋主吊挂收藏小物，让廊道随时变换表情。

Ⓔ 家具

床架收纳柜＋座椅式书架

主卧用家具概念摆设。床关墙面贴上鸟瞰式大图。定做的床架下有收纳区，以松木夹板隔出置物空间，可储放各种盒子，供随手取用。位于窗边的双层书柜下层为活动式设计，可向外移动变身为椅子，固定不动的矮柜即自然形成书桌。

北欧＋LOFT随性小家

小家整并学！30平方米也能面面俱到

三用吧台＋镜面放大＋步入式更衣室 实现完整生活

仅30平方米的居室，不仅有厨房、餐厅与客厅、卧房，甚至还有步入式更衣室，完整功能超越一般小户型住宅。

住宅类型　二手房
居住成员　单身女子
室内面积　30平方米（含阳台）
室内高度　最高3米，梁下4.12米
格　　局　1室、1卫、1阳台
建　　材　金属、瓷砖、木制橱柜、乳胶漆
家具厂商　东阳企业社铁工定制

文字　Fran Cheng
空间设计　谧空间研究室

30岁的屋主对人生已有自我主张，对生活品质也有需求，即使受限大城市房价居高的严苛环境，只能坐拥30平方米大小的局促茧居，仍希望基本的生活需求都可以获得最大满足，不甘回家只能面对一张床、一方小小荧幕的单调生活。分析这个房龄30年的二手房，屋内唯一采光来自于后栋建筑的天井，加上原阳台有外窗阻挡，致使室内阴暗。因此，设计师先拆除阳台外成排窗户，再将临阳台的推拉窗改为折叠窗，借由层高3米的优势扩大窗户的面积，搭配灰白色调来克服采光问题，也拉近与阳台的距离，为室内争取明快自然的好体质。

为减缓小空间局促感，采用开放公共空间与垂直利用私人空间的设计手法，横向能拥有敞朗视野，纵向空间也充分利用。如此一来，即使室内面积含阳台仅有30平方米，也能顺利配置出客厅、餐厅、厨房、卧室，甚至还能有一间2平方米以上的步入式更衣储藏室。神奇的设计不仅与一般标准房相差无几，略带轻工业风的厨房也让喜爱烘焙、做菜的屋主相当满意，厨房、餐饮空间充满绿意，很适合邀朋友到家中做客。

在没有实体隔间的小套房中，色彩成为重要的分区依据。全屋主要以黑、白、灰搭配，公共空间使用浅色增加明亮感，弥补采光不足，而深色作为私人空间主色，增加隐私性；地面又以瓷砖及木地板区隔，玄关及厨房的瓷砖区较易清洁，也让空间更具层次感。

尺寸解析

善用层高的尺寸魔法

在平衡空间感与功能性的考量下，利用3米的层高优势，在入门左侧规划上层卧室与下层步入式更衣储藏室，其中储藏室高1.65米，上层卧室高度也超过1.2米，较一般上下铺还高，对个子娇小的屋主来说丝毫无压力感。

平面图解析

A 拆除阳台原有的固定窗，让室内采光获得极大改善，并增加阳台绿化。
B 舍弃阻绝性的隔间设计，利用可作为餐桌、工作桌与料理台使用的长桌来界定厨房与客厅。
C 以灰镜造型门取代卫浴门，强化设计感，也让视觉有延伸效果。
D 以金属梯连接夹层卧室，梯下空间也不浪费，设计实用的收纳柜。
E 利用层高3米的优势，上层设计为暗色系睡眠空间。
F 规划为步入式更衣室，外墙改用镜面材质，扩大入口与餐厨区空间感。
G 卫浴小空间，利用地面高低差做隐形干湿分离设计，并相应挑选小尺寸设备。

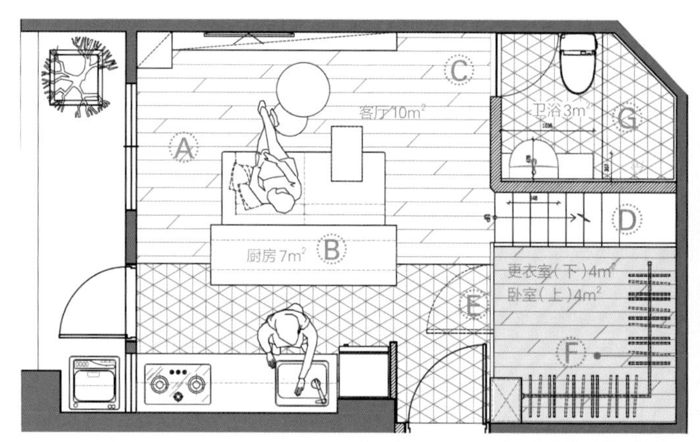

床铺架高，位于更衣室上方

Ⓐ 家具

折叠长窗＋铁制吊架

一开始屋主最介意的室内阴暗问题，经拆除原来天井阳台的外窗后就已获得极大改善，加上室内铝窗改为折叠长窗，搭配阳台绿化，更增加自然感。另一方面，餐厨吧台上方的定制铁架增加了收纳功能，可堆叠或吊挂物品，尤其铁架深度以红酒瓶身的尺寸为依据，方便收藏酒类，满足屋主品酒嗜好。电视墙则采用低矮台面的工业风设计，展现随性与休闲氛围。

Ⓑ 家具

三用吧台桌＋一字形厨房

对于热爱烘焙、料理的屋主来说，一字形厨房的工作区实在是太小、不够用，为了顺应生活需求，在厨房与客厅之间增设一座定制长形中岛，既可作为烘焙、料理时的辅助台面，也可顺应不同需求作为用餐、喝咖啡的地方或作为工作桌，让小空间发挥最大使用效益。

Ⓒ 门

隐藏卫浴门，增加设计感

小住宅为放大空间需要将隔间简化，也导致卫浴门正对沙发及餐厨区，在视觉上有些尴尬。因此，改用灰镜造型门，视觉上有如穿衣镜或镜柜般，同时在色调上与灰墙一致，使居家画面不凌乱，更显整体性，视觉上扩大空间。

Ⓓ 柜子

楼梯下方空间无痕利用

更衣室旁设计有一处通往二楼卧室的金属梯，为了增加空间的利用率，在楼梯下方依照阶梯形状设计有不同高度和大小的抽屉与柜子，所有柜子的开口均向着更衣室，长度超过200厘米、深达55厘米的橱柜容量很大，可说是不落痕迹的利用空间。

Ⓔ 空间

深色低梁化为卧室遮屏

更衣室上层规划为独立卧室，经过尺寸精算后将床铺内嵌于储藏间天花板中，上方空间高度还有1.2米左右，相较于一般上下铺的上铺还略高一些，避免压迫感。同时利用床边约60厘米的天花大梁适度遮掩，增加私密空间的隐私性，也将公私空间分开，改善小空间一览无遗的缺点。

Ⓕ 空间

储藏室满足收纳需求、也放大空间

由于屋主个子娇小，因此储藏室内部高度1.65米，在使用上不会有压力；而长194厘米、深204厘米的面积保证收纳量充足，能减轻女性衣物、杂物较多的困扰，成为不到33平方米套房的设计大惊喜。另外，更衣室外墙选择镜面材质，也成功放大空间感。

Ⓖ 设备

3平方米卫浴里的小尺寸轻盈台面

考量卫浴格局不大，特别量身设计长103.5厘米、深30.7厘米的窄版台面做底座，搭配深42.8厘米的半嵌式面盆，减少面盆区的体量，在使用时毫无局促感，而且整个台面区也显得轻盈许多。

3

偷学！小户型家具选购指南

餐桌、餐椅
沙发
柜子
床

餐桌、餐椅

折叠、延伸、升降，多功能桌椅

省空间是为小家选购家具时的重要标准，尤其桌椅数量一多，极易造成空间压力。可是不同用途的桌椅在尺寸设计上也会有所差异，因此，可调高度与宽度的两用桌、多用途椅柜、可收纳壁挂家具等都成为热门单品。

1

D table可调餐桌/工作桌

品牌 Karimoku60
材质 橡胶木、山毛榉（另有白色桌面）
尺寸 宽100厘米、深80厘米、高62/66厘米

可调高度的两用桌，当桌面调至62厘米高时可当茶桌；工作时只需将桌下的木条取下固定在桌板两侧下方，就可调高桌面至66厘米，阅读写字时不用迁就弯腰，更舒适，且桌面大小也足可让四人用餐。

Kitono餐桌/工作桌+Kitono单椅 2

品牌 Kitono
材质 山毛榉、布料、泡棉
尺寸 两用桌：长125/150厘米、宽75厘米、高71厘米
单椅：长43厘米、宽51厘米、背高79厘米/面高45厘米

Kitono两用餐桌与单椅，适合小资族的迷你空间，圆弧边设计充满浓厚复古风情，实木材质展现细致手感。略带弯曲的椅背与椅面搭配高密度泡棉坐垫，提供更好的身体支撑性与更高的舒适度。

文字 Fran Cheng
图片与资料提供 Karimoku60（loft29）、Kitono（loft29）、顶茂家居-VOX furniture、无印良品、宜家家居、禾丰家具

3 LD两用桌+LD两用沙发椅

品牌　无印良品
材质　桌：积层合板、橡木原木贴皮、亮光漆涂装
　　　椅：积层合板、橡木原木贴皮、亮光漆涂装、聚酯纤维绷布、聚氨酯泡棉椅面
尺寸　桌：长150厘米、宽80厘米、高60厘米
　　　椅：长55厘米、宽78厘米、高77厘米

加宽版的80厘米桌款有更宽裕的桌面，高度也略低于普通款。

橡木伸缩餐桌 4

品牌　无印良品
材质　MDF（中密度纤维板）、橡木材突板、橡木无垢集成材、聚氨酯树脂涂装
尺寸　长140/190厘米、宽80厘米、高72厘米

觉得家中餐桌平日够用，但宴客时又太小？不妨考虑伸缩餐桌。内含扩张板，拉开单侧后长度可增加25厘米，双侧全开可增加50厘米，三种尺寸可适应任何聚会。

5 BJURSTA延伸桌

品牌　宜家家居
材质　实木贴皮、桦木、密集板、水性亮光漆、实心松木
尺寸　长50/70/90厘米、宽90厘米、高74厘米

平日1～2人坐起来刚刚好的延伸桌，附有两块外拉式活动桌板，可将桌长延伸至70或90厘米来满足3～4人使用，而不用时，桌板可收在桌面下。体积小巧，可靠墙放置或当作边桌使用。

6

BJURSTA壁挂式折叠桌

品牌　宜家家居
材质　密集板、实木贴皮、梣木、染色、水性亮光漆、钢质薄金属板、环氧/聚酯粉末涂料、塑胶
尺寸　长90厘米、宽10/50厘米

最具弹性的壁挂式折叠桌，依用途固定于不同高度的墙面。若固定在74厘米处，可搭配餐椅作二人餐桌用；若提高至95厘米处，则宜搭配吧台椅使用。另外，将桌板往下折叠时就变成深度10厘米的层板，可摆放小物品。

NORDEN折叠桌 7

品牌　宜家家居
材质　实心桦木、桦木合板、亚克力亮光漆、纤维板
尺寸　长26/89/152厘米、宽80厘米、高74厘米

以天然实木打造抽屉与底框的折叠桌，活动桌板可单侧或完全展开，可供2 ~ 4人使用，不用时则可折叠成抽屉柜，收纳餐具、餐巾和蜡烛等物品。

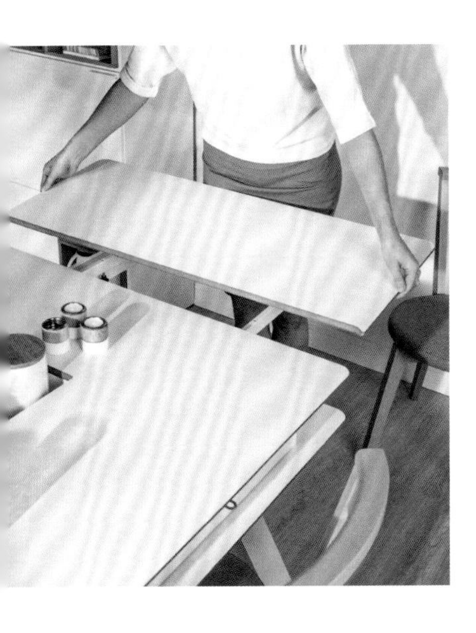

4 YOU 延展收纳餐桌 8

品牌 顶茂家居-vox furniture
材质 德国Hettich五金、奥地利EGGER健康板、欧洲A＋实木
尺寸 长140/180/220厘米、宽100厘米、高76厘米

双层桌面使两侧增加了抽屉空间；桌面中间的盖板区可放置小植物或餐具，其中也附有出线槽；可延展的桌面共有三种长度变化，工作、休闲灵活转换。

9 SPOT 收纳桌凳

品牌 顶茂家居-VOX furniture
材质 原产地松木＋奥地利EGGER板材
尺寸 长57.5厘米、宽47厘米、高48厘米

完美的尺寸使桌凳可符合多重功能需求，再搭配独特的A字脚设计，让桌凳不当椅子用时可以堆叠成为收纳用的边柜，节省不少空间。

沙发

小型、复合式沙发当道

在小户型中，沙发、卧榻甚至床的区分开始越来越模糊，不仅沙发的造型、材质日趋休闲化，在功能上也讲究个性化、多元化，除了长沙发或单人椅外，沙发床榻也成就了小户型的另一种生活形态。

1 Lobby Chair咖啡色三人沙发 + Ottoman咖啡色椅凳

品牌　Karimoku60
材质　山毛榉、羊毛/棉混纺布料、泡棉
尺寸　沙发：长175厘米、宽76厘米、背高73厘米/面高39厘米　椅凳：长45厘米、宽45厘米、高35厘米

长度较一般三人沙发更精省。欧式沙发造型不仅加深了椅面，体量也变大，舒适感十足。除椅凳外，沙发全部以衬垫包覆，以高密度泡棉在不同部位配置41个大小、深度不一的凹槽，更符合人体工程学，可减轻长时间坐着的压迫感与发麻状况，也有助于散热。建议选配略低于Lobby Chair沙发的Ottoman椅凳，使用起来更灵活、更休闲。

WD43三人沙发 2

品牌　Karimoku
材质　实木椅架、布料、泡棉
尺寸　长170厘米、宽80厘米、背高78厘米/面高42厘米

170厘米长的三人沙发更省空间，简练线条凸显和风家具的优雅，除布料可选换，椅架材质也有山毛榉、橡木、胡桃木、樱桃木与枫木原色可供选择，山毛榉与橡木还可做染色处理。

Kitono Brick 双人沙发 3

品牌 Kitono
材质 山毛榉、布料、泡棉
尺寸 长120厘米、宽73厘米、背高71厘米/面高38厘米

120厘米长的双人沙发更适合迷你空间，实木椅架与复古简约的利落外形让人着迷。有原木色与胡桃木色两种选择，可与数种布料换搭，加上1、2、3人座的多种尺寸，适用于不同大小的空间。

4 Kitono Brick 沙发躺椅

品牌 Kitono
材质 山毛榉、布料、泡棉
尺寸 长60厘米、宽108厘米、背高71厘米/面高38厘米

图右不占空间的小型躺椅，无把手与厚实泡棉的设计，在视觉与使用舒适度上都更休闲、舒压；另外，与图左双人沙发搭配，可依照空间与使用习惯的变化，轻松地增添移除或更换组合方式。

组合床/沙发床配件 5

品牌 无印良品
材质 胡桃木、橡木、棉100%
尺寸 长202厘米、宽85.5厘米、高25.5厘米

是沙发，也可依自己需求搭配其他风格的床架。在单人尺寸的床台上加配专用的垫背、背板等配件，就可作为沙发床使用，可适应生活中各种场景。

柜子
是收纳工具，也是多功能家具

不只能载物收纳，新一代柜子强调贴心的细节与个性化的设计小心机，如门板摊开后略高于橱柜内平面，可防平台上物品掉落，下掀门板可转化为桌板，滚轮装置方便移动，这些均大大为柜子加分。而自由组合柜则可如积木般组合出个性化柜墙。

MUTO 下掀边柜 1

品牌 顶茂家居-VOX furniture
材质 德国Hettich五金、奥地利EGGER健康板
尺寸 长75厘米、宽46厘米、高123厘米

小型边柜也有强大收纳功能，下掀门板可转作置物平台，下掀速度可调；侧开柜门内为层架，中下层抽屉式收纳亦规划其中。另外，门板打开后，略高于柜内平面，可预防物品掉落，柜子下方还附旋转式桌脚以确保柜子保持水平。

2 SPOT 上掀桌柜

品牌 顶茂家居-VOX furniture
材质 德国Hettich五金、奥地利EGGER健康板、欧洲A＋实木
尺寸 长67厘米、宽51厘米、高57~70厘米

它是看书、吃夜宵、玩手机、甚至藏零食的超级良伴。上掀桌板方便置物与取物外，轻巧的滚轮可帮助移动到客厅当边几。后方出线孔的设计可将杂乱的各式插座全部归位。

MUTO 下掀壁挂桌柜 3

品牌 顶茂家居-VOX furniture
材质 德国Hettich五金、奥地利EGGER健康板
尺寸 长70厘米、宽27厘米、高70厘米

适合小户型、无玄关空间的壁挂式桌柜，可完全阖起，不占用动线。上方金属框可吊挂钥匙、雨伞、包，或夹上重要备忘录；下方采用金属镂空层架的设计。

4 SUS 层架组

品牌 无印良品

材质 不锈钢、橡木

尺寸 长58/86厘米、宽41厘米、高83/120/175.5厘米

宽度统一为41厘米的SUS层架组，可依照个人需求来选择不同高度与宽度的配件，量身定做收纳层架。可搭配橡木或胡桃木层板，以及掀盖式柜门、玻璃门、抽屉层架收纳箱。

自由组合层架 5

品牌 无印良品

材质 胡桃木、橡木

尺寸 长42/81.5厘米、宽28.5厘米、高81.5/121/200厘米

以正方形格子为单位的自由组合层架，可帮助充分利用窗边空间。长42厘米与深28.5厘米的基本方格可利落收纳A4尺寸的书物，加上两种长度与三种高度的变化组合，可创造出灵活却不凌乱的收纳墙柜。

6 组合影音柜

品牌 无印良品

材质 胡桃木、橡木

尺寸 长82.5/162.5厘米、宽39.5厘米、高45厘米

一组可纵向堆叠的定制化影音柜，先选定基本柜，再视空间与需求追加，最多可至五层。影音柜有两种宽度，分别可载放32寸及58寸电视，亦可追加选用分隔板、抽屉、门等配件。由于柜子有背板，也可作为隔间使用。

床

一床多功能，小房间也好用

动辄占据大半个房间的床是居家重要家具，但除了睡得更舒适，床的功能性设计也开始越受重视，例如收纳力、并排的紧密度、圆角的安全设计、透气性等细节都是重点。

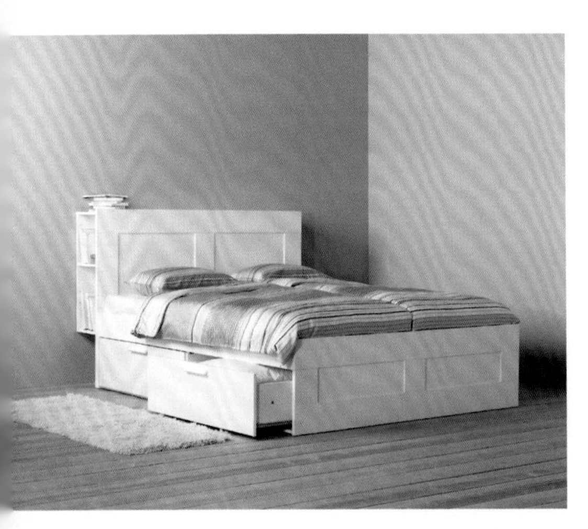

1 BRIMNES 双抽屉床组

品牌 宜家家居

材质 实木贴皮、榉木、桦木、密集板、箔皮、ABS（丙烯腈-丁二烯-苯乙烯）塑料、纤维板、印刷、水性漆、镀锌钢

尺寸 长156厘米、宽234厘米、高111厘米

床框内部有17条富弹性的桦木高压合板，可依身体重量调整，也可增加床垫支撑度。可调式床侧板，方便配搭不同厚度的床垫，床下4个抽屉，提供额外储物空间；上方层板设有电线孔，可放置灯具或充电器电线。还附旋转式调整脚以确保柜体水平。

2 收纳组合床

品牌 无印良品

材质 原木贴皮塑合板、印刷纸化妆纤维板、积层材、桐材、塑合板、集成材（橡胶木）

尺寸 单人加大：长128.5厘米、宽201厘米、高27厘米

组合床台强调个人化，附有可调整固定带的鱼骨板、可自由选择的床头板，方便打造出可调整软硬度的床架；另外，专用的床下收纳箱等追加配件则可将床台侧边或下方作为收纳空间，提高空间使用率。

4 YOU 上掀四柱床、4 YOU 上掀单人床 3

品牌　顶茂家居-VOX furniture
材质　德国Hettich五金、奥地利EGGER健康板
尺寸　四柱床：长238厘米、宽168厘米、高206厘米
（适用欧规双人床垫/160厘米 × 200厘米）
单人床：长208厘米、宽128厘米、高106厘米
（适用欧规单人床垫/90厘米 × 200厘米）

组合床台强调个人化，附有可调整固定带的鱼骨板、可自由选择的床头板，方便打造出可调整软硬度的床架；另外，专用的床下收纳箱等追加配件则可将床台侧边或下方作为收纳空间，提高空间使用率。

SPOT 双层床组 4

品牌 顶茂家居-VOX furniture
材质 德国Hettich五金、奥地利EGGER健康板、
欧洲A+实木
尺寸 长205厘米、宽105厘米、高246厘米
（适用欧规单人床垫/90厘米×200厘米）

想让空间利用率再提升，选它就对了！集结床、书柜、收纳柜及衣柜于一身的SPOT双层床，利用系统五金与橱柜将床下空间作有效利用起来，有如百变灵活家具。

5
SPOT 单人卧榻床组

品牌 顶茂家居-VOX furniture
材质 德国Hettich五金、奥地利EGGER健康板、欧洲A+实木
尺寸 长213厘米、宽100厘米、高167厘米，适用欧规单人床垫（90厘米×200厘米）

从荡秋千的意象延伸出A字造型床架，让床也能是休闲用的轻松卧榻，这款床架下方有两种装置可选配，分别为子母床款或是抽屉收纳款。

组合变形金刚！柜、床、桌一体化 6

品牌　禾丰家具-CLEI
材质　低甲醛环保特殊板材
尺寸　沙发：长131厘米、宽87.5/35厘米（床框）、高40厘米（面高）/220厘米（床框）
　　　床：长120厘米、宽213.9厘米、高30厘米（床架高）/50厘米（加床垫）

开放空间里配置了两组床，一组为沙发加单人正掀壁床，另一组则集结了衣橱、书柜、书桌和单人侧掀壁床。在设计概念上，此空间日常可作为书房、游戏间、客厅；一到晚上，床掀出来即变成一间可睡两人的儿童房或客房。